高职高专"十二五"系列教材

CHUANGANQI JISHU JI YINGYONG

传感器技术及应用

主　编　任玉珍

副主编　李　瑜　张　勇

参　编　王德志　张惠丽　邢砚田

主　审　何　萍　郭志平

U0260754

中国电力出版社
CHINA ELECTRIC POWER PRESS

内 容 提 要

本书为高职高专"十二五"系列教材。本书结合实际项目设计了传感器技术基础、传感器信号处理技术、温度测量、压力测量、速度测量、位移测量、气体成分和湿度的测量、流量测量和物位检测等学习任务,体现了专业领域学习的针对性和适用性。

本书可作为高职院校电气自动化、检测技术及应用、机电一体化、电力系统自动化、应用电子技术等专业和其他相关专业的教材或参考书。

图书在版编目(CIP)数据

传感器技术及应用/任玉珍主编.—北京:中国电力出版社,
2014.8(2021.2重印)

高职高专"十二五"规划教材
ISBN 978 - 7 - 5123 - 6190 - 4

Ⅰ.①传… Ⅱ.①任… Ⅲ.①传感器－高等职业教育－教材 Ⅳ.①TP212

中国版本图书馆 CIP 数据核字(2014)第 151475 号

中国电力出版社出版、发行
(北京市东城区北京站西街 19 号 100005 http://www.cepp.sgcc.com.cn)
北京雁林吉兆印刷有限公司印刷
各地新华书店经售

*

2014 年 8 月第一版 2021 年 2 月北京第五次印刷
787 毫米×1092 毫米 16 开本 10.25 印张 246 千字
定价 **32.00** 元

前　　言

传感器是获取信息的工具，是现代工业自动化生产过程的重要部件，现代生产过程自动化程度越高，对传感器的依赖性越大，传感器技术在工科学生人才培养中的地位和作用也越重要。

本书编写遵循的理念是，根据综合职业能力发展的培养目标，以实际工程系统为指导，教学做一体化为典型特征设计学习内容。

本书共分为 9 章，由任玉珍担任主编，李瑜、张勇担任副主编，王德志、张惠丽、邢砚田参编。任玉珍编写了第 1 章、第 2 章、附录并统稿，李瑜编写了第 4 章和第 8 章，张勇编写了第 3 章和第 9 章，张惠丽编写了第 5 章，王德志编写了第 6 章，邢砚田编写了第 7 章。本书提供电子课件，联系邮箱 12070005@qq. com。本书由包头职业技术学院何萍副教授和一机集团车辆研究所郭志平高级工程师主审。

在编写本书的过程中得到了相关企业专家和技术人员的指导，在此表示衷心的感谢。

限于编者水平及编写时间，书中难免有疏漏之处，恳切希望广大读者批评指正。

编　者

2014 年 4 月

目　　录

1 传 感 器 技 术 基 础

知识目标

(1) 了解传感器的地位和作用。
(2) 掌握传感器的定义及分类。
(3) 掌握传感器的基本特性。
(4) 了解传感器的选用及标定。

技能目标

(1) 对测控系统有初步的认识,通过案例熟悉测控系统的组成。
(2) 认识常用传感器。
(3) 能读懂传感器性能指标说明书。
(4) 根据测试目的和实际条件了解传感器的选用。

1.1 传感器的认识项目说明

1.1.1 项目目的
(1) 掌握传感器的定义及分类。
(2) 掌握传感器的基本特性。
(3) 认识常用传感器。

1.1.2 项目条件
现场参观学校的传感器实验室、机电一体化实验室、过程控制系统实验室。

1.1.3 项目内容及要求
通过现场参观和基本知识的学习,了解测控系统及其组成,掌握传感器在系统中所起到的重要作用。能通过实物认识常用传感器,阅读相关的技术资料,熟悉传感器的技术指标。根据仪器设备提供的有关数据,了解并掌握计算传感器的性能指标的方法。

1.2 相 关 知 识

1.2.1 传感器的地位与作用
人们为了从外界获取信息,必须借助于人类特有的感官系统。但人们自身感觉器官的功能,在研究自然现象和规律,以及生产活动是远远不够的。为了更好地获取外界信息,就需要借助传感器。因此可以说,传感器是人类感觉器官的重新定义。

当今世界开始进入信息时代。在利用信息的过程中，首先要解决的就是要获取准确可靠的信息，而传感器是获取自然和生产领域中信息的主要途径与手段。

在现代工业生产尤其是自动化生产过程中，需要利用各种传感器来监视和控制生产过程中的各个参数，使设备工作在正常状态或最佳状态，并使产品达到最好的质量。因此可以说，没有众多的优良的传感器，现代化生产也就失去了保障。

在基础学科研究中，传感器更具有突出的地位。现代科学技术的发展，进入了许多新领域，例如在宏观上要观察上千光年的茫茫宇宙，微观上要观察小到厘米（cm）的粒子，纵向上要观察长达数十万年的天体演化，短到秒（s）的瞬间反应。此外，还出现了一些对深化物质认识、开拓新能源、新材料等具有重要作用的极端技术研究，如超高温、超低温、超高压、超高真空、超强磁场、超弱磁场等。因此要获取大量人类感官无法直接获取的信息，没有相适应的传感器是不可能完成的。许多基础科学研究的障碍就在于研究对象信息的获取存在困难，而一些新机理和高灵敏度的检测传感器的出现，使得科学研究在该领域内有了突破。一些传感器的发展，通常是一些边缘学科开发的先驱。

传感器的应用领域极其广泛，包括工业生产、宇宙开发、海洋探测、环境保护、资源调查、医学诊断、生物工程及文物保护等领域。几乎每一个现代化项目，从茫茫的太空，到浩瀚的海洋，以至各种复杂的工程系统，都离不开各种各样的传感器。

由此可见，传感器技术在发展经济、推动社会进步方面有着十分重要的作用。世界各国都非常重视传感器技术这一领域的发展。在不久的将来，传感器技术将会出现一个飞跃，达到一个新水平。

1. 传感器的地位

随着科学技术的发展，计算机的普及和应用使人类进入到信息时代。现代信息技术的基础包括信息的采集、信息的传输和信息处理，与之对应的现代信息产业是传感器技术、通信技术和计算机技术，分别充当信息系统的"感官"、"神经"和"大脑"。传感器是测控装置和控制系统的首要环节，是获取信息的主要手段和途径。传感器获得信息的准确程度，关系到测控系统的精度，在测控系统中占有很重要的地位。可以说，没有精确可靠的传感器，就没有精确可靠的测控系统。

2. 传感器的作用

传感器能将各种非电量（如压力、位移、温度、流量等）转换成电量，从而实现非电量的电测技术。传感器涉及的应用领域包括现代工业生产、宇宙开发、海洋探测、军事国防、环境保护、医学诊断、汽车、家用电器、生物工程等。

在自动化生产过程中，通常使用各种传感器来监视和控制生产过程中的各个参数，保证产品质量。例如，加热炉的温度控制系统、机床中对工件的切削速度的在线检测等。

在交通领域，传感器在汽车中的应用越来越多，如利用传感器检测汽车的行驶速度、燃料剩余量、机油油压和汽车防滑、防盗、防抱死控制等，如图 1-1 所示。

在家用电器中，如全自动洗衣机、电饭煲和微波炉等都离不开传感器。

总之，传感器已广泛应用于工业、国防、交通等各个方面，在信息的采集和处理过程中发挥出巨大的作用。

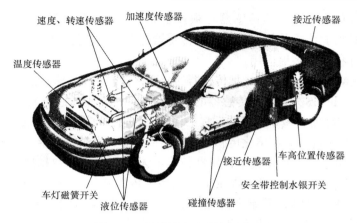

速度、转速传感器　　加速度传感器　　　　　　接近传感器

温度传感器

车高位置传感器

接近传感器

安全带控制水银开关

车灯磁簧开关　　液位传感器　　碰撞传感器

图 1-1　传感器在汽车中的应用

3. 传感器的发展

近年来，传感器正处于传统型向新型传感器转型的发展阶段。传感器正向着微型化、高精度、高可靠性、低功耗、智能化、数字化方向发展。传感器的发展促进了传统产业的改造，是未来新的经济增长点。

（1）向微型化发展。各种控制仪器设备的功能越来越多，要求各个部件体积所占位置越小越好，因此希望传感器的体积也是越小越好。这就要求发展新的材料及加工技术，目前利用硅材料制作的传感器体积很小。如传统的加速度传感器是由重力块和弹簧等制成的，体积较大、稳定性差、寿命也短，而利用激光等各种微细加工技术制成的硅加速度传感器体积非常小、互换性可靠性都较好

（2）向高精度发展。随着自动化生产程度的不断提高，对传感器的要求也在不断提高。新型传感器必须具有灵敏度高、精确度高、响应速度快、互换性好等特点才能确保生产自动化的可靠性。目前能生产精度达万分之一以上的传感器的厂家很少，其产量也远远不能满足要求。

（3）向高可靠性、宽温度范围发展。传感器的可靠性直接影响到电子设备的抗干扰等性能，研制高可靠性、宽温度范围的传感器将是永久性的方向。提高温度范围历来是大课题，大部分传感器其工作范围都在$-20 \sim +70$℃，在军用系统中要求工作温度范围在$-40 \sim +85$℃，而汽车、锅炉等对传感器的温度要求更高，因此发展新兴材料（如陶瓷）的传感器是十分必要的。

（4）向微功耗及无源化发展。传感器一般都是非电量向电量的转化，工作时离不开电源，在野外现场或远离电网的地方，通常使用电池供电或用太阳能等供电。开发微功耗的传感器及无源传感器是必然的发展方向，既可以节省能源又可以提高系统寿命。目前，低功耗损的芯片发展很快，如 T12702 运算放大器，静态功耗只有 $1.5\mu A$，而工作电压只需$2 \sim 5$V。

（5）向智能化、数字化发展。随着现代化的发展，传感器的功能已突破传统的功能，其输出不再是单一的模拟信号（如 $0 \sim 10$mV），而是经过微电脑处理好的数字信号，有的甚至带有控制功能，称之为数字传感器。

智能传感器是具有信息处理功能的传感器。智能传感器带有微处理机，具有采集、处理、交换信息的能力，是传感器集成化与微处理机相结合的产物。一般智能机器人的感觉系统由多个传感器集合而成，采集的信息需要计算机进行处理，而使用智能传感器就可将信息

分散处理，从而降低成本。智能传感器必须具备通信功能，除了满足最基本应用的反馈信号，智能传感器必须能传输其他信息。智能传感器拥有很多优势，随着嵌入式计算功能的成本减少，智能器件将被更多地应用。

微机电系统（MEMS）的发展，把传感器的微型化、智能化、多功能化和可靠性水平提高到了新的高度。除 MEMS 外，新型传感器的发展还依赖于新型敏感材料、敏感元件和纳米技术，如新一代光纤传感器、超导传感器、焦平面陈列红外探测器、生物传感器、纳米传感器、新型量子传感器、微型陀螺、网络化传感器、智能传感器、模糊传感器、多功能传感器等。

多传感器数据融合技术也促进了传感器技术的发展。多传感数据融合技术形成于 20 世纪 80 年代，不同于一般信号处理，以及单个或多个传感器的监测和测量，多传感数据融合技术是在多个传感器测量结果基础上的更高层次的综合决策过程。随着传感器技术的微型化、智能化程度提高，在信息获取基础上，多种功能进一步集成、融合，是必然趋势，把分布在不同位置的多个同类或不同类传感器所提供的局部数据资源加以综合，采用计算机技术对其进行分析，消除多传感器信息之间可能存在的冗余和矛盾，加以互补，降低不确实性，获得被测对象的一致性解释与描述，从而提高系统决策、规划、反应的快速性和正确性，使系统获得更充分的信息。

传感器技术所涉及的知识非常广泛，渗透到各个学科领域，如何采用新技术、新工艺、新材料以及探索新理论，达到高质量的转换效能，是未来总的发展方向。

1.2.2 测控系统

测控系统就是非电量的测量与控制系统。一般由传感器、信号处理电路和显示记录装置等组成，如图 1-2 所示。

图 1-2　自动测控系统的组成

传感器处于被检测对象和检测系统的接口位置，主要作用是将被测非电量转换成与其有一定关系的电量。

信号处理电路的作用是将传感器的输出信号转换成具有一定驱动和传输能力的电压或电流信号。包括整形、放大、阻抗匹配、微分、积分、线性化电路等。

显示记录装置包括模拟显示、数字显示、图像显示和记录仪等。

数据处理装置是利用微机技术，对被测结果进行处理、运算、分析，对动态测试结果进行频谱、幅值和能量分析等。

执行机构是指各种继电器、调节阀、伺服电动机等，在系统中具有通断、控制、保护等作用。

1.2.3 传感器的定义、组成和分类

1. 传感器的定义

GB/T 7665—2005《传感器通用术语》中传感器的定义为能感受规定的被测量，并按照

一定的规律转换成可用输出信号的器件或装置。

一般传感器狭义的定义为：能将外界非电量按照一定的规律转换为电量的器件或装置。

传感器的定义包含了以下几个含义：

(1) 传感器是能完成测量任务的测量装置。

(2) 输入量是被测的非电量。

(3) 输出量是便于传输、转换、处理和显示的电量。

(4) 输出与输入有一定的对应关系，这种关系有一定的规律。

2. 传感器的组成

传感器通常由敏感元件、转换元件、信号调理电路和辅助电源组成，如图 1-3 所示。

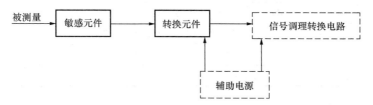

图 1-3　传感器组成框图

如图 1-3 所示，敏感元件是指传感器中能直接感受被测量，并输出与被测量成确定关系的某一物理量的部分。转换元件是指传感器中能将敏感元件感受或响应的被测量转换成适于传输或测量的电信号的部分，由于转换元件的输出信号一般都很微弱，因此需要有信号调理与转换电路对其进行放大、运算调制等。

3. 传感器的分类

传感器技术是一门知识密集型技术，与许多学科有关，分类方法也很多，广泛采用的分类方法如表 1-1 所示，基本被测量和派生被测量如表 1-2 所示。按输入信号分类的优点是明确地表达了传感器的用途，便于使用者根据其用途选择。

表 1-1　　　　　　　　　　　传 感 器 的 分 类

分类方法	传感器种类	说　明
按输入信号	位移传感器、温度传感器、压力传感器、速度传感器等	传感器以被测物理量命名
按工作原理	应变式传感器、电容式传感器、电感式传感器、压电式传感器、热电式传感器等	传感器以工作原理命名
按物理现象	结构型传感器	传感器依赖其结构参数变化实现信息转换
	特性型传感器	传感器依赖其敏感元件物理特性的变化实现信息转换
按能量关系	能量转换型传感器	直接将被测量的能量转化为输出量的能量
	能量控制型传感器	由外部供给传感器能量，而由被测量来控
按输出信号	模拟式	输出为模拟量
	数字式	输出为数字量

表 1-2 基本被测量和派生被测量

基本被测量		派生被测量
位移	线位移	长度、厚度、应变、震动、磨损、平面度
	角位移	旋转角、偏转角、角振动
速度	线速度	振动、流量、动量
	角速度	转速、角振动
加速度	线加速度	振动、冲击、质量
	角加速度	角振动、转矩、转动惯量
力	压力	重量、应力、力矩
时间	频率	周期、计数、统计分布
温度		热容、气体速度、涡流
光		光通量与密度、光谱分布
湿度		水汽、水分、露点

1.2.4 传感器的技术指标

1. 误差与准确度等级

测量的目的是得到被测量的真值。任何检测系统的测量结果都有一定的误差。测量值（也叫示值）与真值之间的差值称为测量误差。

误差按表示方法的分类有两种。

（1）绝对误差 Δx。绝对误差 Δx 是测量值 x 与真值 A_0 之间的差值，即

$$\Delta x = x - A_0 \tag{1-1}$$

因为真值一般无法得到，一般用高精度等级的标准仪器所测得的实际值 A_x 代替被测量的真值 A_0，则

$$\Delta x = x - A_x \tag{1-2}$$

绝对误差表示了测量值偏离真实值的程度，但不能表示测量的准确程度。

（2）相对误差。相对误差也称为百分比误差，用来说明测量精度的高低。分为实际相对误差、示值相对误差和满度相对误差。

1）实际相对误差 r_A。实际相对误差用绝对误差与真值的百分比来表示，即

$$r_A = \frac{\Delta x}{A_0} \times 100\% \tag{1-3}$$

2）示值相对误差 r_x。示值相对误差用绝对误差与测量值的百分比来表示，即

$$r_x = \frac{\Delta x}{x} \times 100\% \tag{1-4}$$

对于一般的工程测量，用 r_x 来表示测量的准确度较为方便。

3）满度相对误差 r_m。满度相对误差也叫满度误差或引用误差。用绝对误差 Δx 与测量仪器（仪表）满度值 x_m 的百分比值来表示，即

$$r_m = \frac{\Delta x}{x_m} \times 100\% \tag{1-5}$$

（3）准确度等级 r_M。准确度是最大满度误差，用仪器（仪表）量程内最大绝对误差 Δx_m 与测量仪器（仪表）满度值 x_m 的百分比值来表示，即

$$r_M = \frac{\Delta x_m}{x_m} \times 100\% \qquad (1-6)$$

最大满度误差常被用来确定仪表的准确度等级 S，即

$$S = \frac{|\Delta x_m|}{x_m} \times 100 \qquad (1-7)$$

准确度习惯上称为精度，准确度等级习惯上称为精度等级。仪表的精度等级 S 规定一系列标准值，我国的工业仪表有下列 7 个级别，如表 1-3 所示。可从仪表面板标志上判断仪表的等级。仪表精度与精度等级不同，精度越高，精度等级越小，误差越小，价格越高。

表 1-3　　　　　　　　　　　　仪表的精度等级 S 和基本误差

等级	0.1	0.2	0.5	1.0	1.5	2.5	5.0
基本误差	±0.1%	±0.2%	±0.5%	±1.0%	±1.5%	±2.5%	±5.0%

为了减小测量中的示值误差，在进行量程选择时应尽可能使示值接近满度值，一般以示值不小于满度值的 2/3 为宜。

2. 传感器的基本特性

传感器的基本特性是指输出与输入之间的关系，由于被测量的状态不同，分为静态特性和动态特性两种。

（1）传感器的静态特性。传感器的静态特性是指被测量的值处于稳定状态时，传感器的输出与输入之间的关系。主要有以下指标。

1）线性度。线性度是指输出量与输入量之间的实际关系曲线（即标定曲线）偏离理论拟合直线的程度，又叫非线性误差。

一般用标定曲线与拟合直线偏差的最大值与系统的标称输出范围（全量程）的百分比表示，即

$$\delta_L = \frac{(\Delta y_L)_{max}}{y_{FS}} \times 100\% \qquad (1-8)$$

确定非线性误差的主要问题是拟合直线的确定，拟合直线确定的方法不同会得到不同的非线性误差。拟合直线的确定，常用的有两种，即端基直线如图 1-4 所示和最小二乘直线如图 1-5 所示。

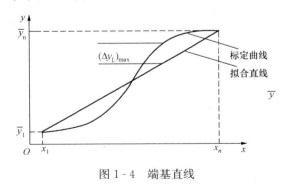

图 1-4　端基直线

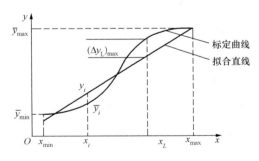

图 1-5　最小二乘直线

端基直线是标定过程获得的两个端点的连线。最小二乘直线是使标定直线上的所有点与拟合曲线上相应点的偏差平方和最小。

2）灵敏度。灵敏度是指传感器在稳态下的输出变化量与引起此变化的输入变化量的比值，即

$$S = \lim_{\Delta x \to 0} \frac{\Delta y}{\Delta x} = \frac{\mathrm{d}y}{\mathrm{d}x} \tag{1-9}$$

线性传感器的灵敏度为常数，即静态特性曲线的斜率，斜率越大，其灵敏度就越高。非线性传感器的灵敏度为一变量，输入量不同，灵敏度就不同，如图 1-6 所示。

3）迟滞。迟滞指传感器在正向行程和反向行程期间，输出与输入曲线不重合的现象，如图 1-7 所示。产生这种现象的主要原因是传感器敏感元件材料的物理性质和机械零部件的缺陷，例如，弹性敏感元件的弹性滞后、运动部件的摩擦、传动机构的间隙和紧固件松动等。

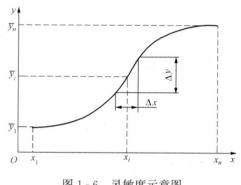

图 1-6　灵敏度示意图

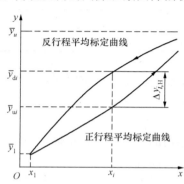

图 1-7　传感器的迟滞特性

迟滞的大小最大输出差值对满量程输出的百分比表示，即

$$\delta_{\mathrm{H}} = \frac{\max(\Delta y_{i,\mathrm{H}})}{y_{\mathrm{FS}}} \times 100\% \tag{1-10}$$

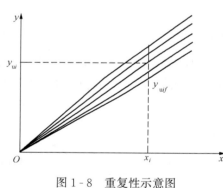

图 1-8　重复性示意图

4）重复性。重复性是指传感器在输入量按同一方向做全量程多次测试时，所得特性曲线不一致性的程度。同一个测点，测试系统按同一方向做全量程的多次重复测量时，每一次的输出值都不一样，是随机的。如图 1-8 所示。

重复性反映的是标定值的分散性，属于随机误差性质。

5）分辨率。分辨率是指传感器在规定测量范围内所能检测输入量的最小变化量。

6）稳定性。稳定性是指传感器在室温条件下，经过相当长的时间间隔，传感器的输出与起始标定时的输出之间的差异。

7）漂移。漂移是指传感器在外界的干扰下，输出量发生与输入量无关的变化，包括零点漂移和灵敏度漂移等。

（2）传感器的动态特性。动态特性是指被测量随时间变化时传感器的输出响应，主要介绍阶跃响应法。

阶跃响应法是以阶跃信号作为传感器的输入，通过对传感器输出响应的测试，从中计算出其动态特性参数。与动态响应有关的参数有：一阶传感器有时间常数 τ，一阶系统阶跃响

应特性如图 1-9 所示；二阶传感器有延迟时间 t_d、上升时间 t_r、超调量 σ、超调时间 t_p 和响应时间 t_p 等，二阶系统阶跃响应特性如图 1-10 所示。

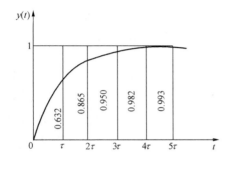

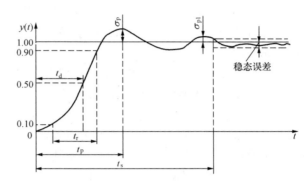

图 1-9　一阶系统阶跃响应特性　　　　　　　图 1-10　二阶系统阶跃响应特性

一阶、二阶传感器主要动态性能指标有：

1）时间常数 τ：传感器输出值上升到稳态值的 63.2% 所需的时间。τ 越小，响应速度越快。

2）延迟时间 t_d：输出达到稳态值的 50% 所需的时间。

3）上升时间 t_r：输出由稳态值的 10% 上升到稳态值的 90% 所需的时间。

4）超调量 σ_p：输出第一次超过稳态值的最大值。

5）超调时间 t_p：输出超过稳态值达到最大值的时间。

6）响应时间 t_s：输出值达到允许误差范围所经历的时间。

7）衰减比 n：σ_p 与 σ_{p1} 的比，一般表示成 $n:1$。

其中，时间常数 τ、上升时间 t_r 和响应时间 t_s 表征系统的响应速度，也就是快速性；超调量 σ_p 和衰减比 n 表征系统的稳定性能。

（3）基本要求。传感器是检测系统的首要环节，其性能的好坏直接关系到系统的性能，因此对传感器性能的基本要求是：

1）传感器的工作范围或量程要足够大，且具有一定的过载能力。

2）转换灵敏度高，在其测量范围内的输出信号与被测输入信号呈线性关系。

3）传感器的准确度满足要求，并能长期稳定地工作。

4）反应速度快，工作可靠性高。

5）抗干扰能力强，适应性好。

1.2.5　传感器的正确选用及标定

1. 传感器的正确选用

传感器的型号、种类繁多，对于相同的被测物理量，可以选择不同类型的传感器。如何选择满足要求的传感器，应考虑以下几个方面。

（1）根据测量对象与环境确定传感器的类型。传感器在实际条件下的工作方式，是选择传感器应考虑的重要因素。①应根据被测量的特点和传感器的使用条件确定传感器的类型，如现场环境条件（高温、有毒、易燃易爆、高压、冲击、振动）；②确定测量方式是接触式还是非接触式；③被测位置确定传感器的体积。

（2）根据技术指标确定传感器的型号。确定了传感器的类型之后，再考虑传感器的技术指标，确定传感器的型号，主要从线性、灵敏度、精度、响应特性和稳定性等方面考虑。

1）一般来说，传感器的灵敏度越高越好，因为灵敏度越高，意味着传感器所能感知的变化量越小。但是过高的灵敏度会影响其使用的测量范围。

2）传感器的精度满足测量系统的精度要求就可以，并不是精度越高越好，精度越高价格越昂贵。

3）在选用传感器时，要着重考虑精密度。因为准确度可用某种方法进行补偿，而重复性是传感器本身固有的，外电路无能为力。

4）动态范围是由传感器本身决定的。若配用一般测量电路，直线性很重要，若用微电脑进行数据处理，则动态范围需要重点考虑。即便非线性很严重，也可用计算机等对其进行线性化处理。对所使用的传感器，希望其动态响应快，时间滞后少。

此外，还要考虑购买和维修等因素。

2. 传感器的标定与校准

利用某种标准器具对新研制或生产的传感器进行全面的技术检定和标度，称为标定。对传感器在使用中或储存后进行的性能复测，称为校准。

标定和校准的基本方法是：利用标准仪器产生已知的非电量，输入到待标定的传感器中，然后将传感器输出量与输入的标准量作比较，获得一系列校准数据或曲线。

（1）静态标定。指输入信号不随时间变化的静态标准条件下，对传感器的静态特性，如灵敏度、非线性、滞后、重复性等指标的检定。

（2）动态标定。对被标定传感器输入标准激励信号，测得输出数据，做出输出值与时间的关系曲线。由输出曲线与输入标准激励信号比较可以标定传感器的动态响应时间常数、幅频特性、相频特性等。

1.3　传感器的认识实践操作

1.3.1　工作计划

查询自动分拣控制系统中位置传感器，锅炉温度控制系统中温度传感器和管道压力控制系统中压力传感器的有关资料，参观相关的实训室，了解自动检测及控制系统，具体见表1-4。

表1-4　　　　　　　　　　传感器的认识工作计划表

序号	内容	负责人	起止时间	工作要求	完成情况
1	研讨任务	全体组员		分析项目的具体要求	
2	制订计划	小组长		学生根据项目要求，制定分工计划和工作任务实施步骤，确定完整的工作计划	
3	确定检测系统	全体组员		确定自动分拣控制系统，锅炉温度控制系统和管道压力控制系统	
4	实际操作	全体组员		画出各控制系统方块图	
5	效果检查	小组长		检查组员所画的方块图	
6	检测评估	老师		学生自查、互查，教师考核，记录成绩并对学生工作结果做出评价	

1.3.2　方案分析

（1）温度控制系统：热电阻检测锅炉内胆温度。

（2）压力控制系统：扩散硅压力计检测管道压力。

（3）自动分拣控制系统：光电传感器检测皮带上是否有物料，电感传感器检测金属物料，磁性传感器用于气缸的位置检测。

1.3.3　操作分析

参观自动分拣控制系统、锅炉温度控制系统、管道压力控制系统，并查询有关资料，认识各种检测装置，把应用到的传感器的类型和作用记录在表1-5中。根据控制要求画出控制系统方块图，说明各环节的作用。

表1-5　　　　　　　　　　　　　传 感 器 的 认 识

传感器类型	安装位置	作用

1.4　传感器认识项目的评价

1.4.1　检测方法

（1）现场指出使用到的位移、温度和压力传感器。

（2）画出自动检测系统框图，并对照原理框图检查自己画的原理框图是否正确。

（3）找出两组同学讲解和分析项目内容和结果。

1.4.2　评估策略

评估内容见表1-6，小组互评和指导教师评议，填写在评估表中。

表1-6　　　　　　　　　　　　传感器的认识评估表

班级		组号		姓名		学号		成绩	
评估项目		扣分标准						小计	
1. 信息收集能力（10分）		能根据任务要求收集3类传感器的相关资料不扣分							
		收集2类传感器的相关资料扣4分							
		不收集资料的不得分							
2. 确定检测系统（15分）		能正确的说明控制系统中的传感器类型的不扣分							
		每说错一类扣5分							
3. 具体操作（20分）		画出的控制系统方块图正确的不扣分							
		每画错一处扣5分							
4. 性能指标的计算（10分）		计算全部正确的不扣分							
		每算错一项扣5分							

班级		组号		姓名		学号		成绩	
评估项目		扣分标准						小计	
5. 汇报表达能力（10分）		表达完整，条理清楚不扣分							
		表达不够完整，条理清楚扣4分							
		表达不完整，条理不清楚扣8分							
6. 考勤（10分）		出全勤、不迟到、不早退不扣分							
		不能按时上课每迟到或早退一次扣3分							
7. 学习态度（5分）		学习认真，及时预习复习不扣分							
		学习不认真不能按要求完成任务扣3分							
8. 安全意识（6分）		安全、规范操作							
9. 团结协作意识（4分）		能团结同学互相交流、分工协作完成任务							
10. 实训报告（10分）		按时、完整、正确地完成实训报告不扣分							
		按时完成实训报告，不完整、正确的扣3分							
		不能按时完成实训报告，不完整、有错误扣6分							

1.5　综　合　应　用

从某直流测速发电机试验中，获得结果如表1-7所示。试绘制转速和输出电压的关系曲线，并确定该测速发电机的灵敏度、线性度。

表1-7　　　　　　　　　　　试　验　结　果

转速（r/min）	0	500	1000	1500	2000	2500	3000
输出电压（V）	0	9.1	15.0	23.3	29.9	39.0	47.5

 巩　固　与　练　习

一、填空题

1. 传感器通常由_____、_____、_____三部分组成。

2. 传感器按工作原理可以分为_____、_____、_____、_____。

3. 传感器按输出量形类可分为_____、_____、_____。

4. 误差按出现的规律分_____、_____、_____。

5. 对传感器进行动态_____的主要目的是检测传感器的动态性能指标

6. 有一温度计，它的量程范围为0～200℃，精度等级为0.5级。该表可能出现的最大误差为_____，当测量100℃时的示值相对误差为_____。

二、选择题

1. 用万用表交流档测量100kHz、10V的高频电压，发现示值不到2V，该误差属

于_____。

    A. 系统误差   B. 粗大误差
    C. 随机误差   D. 动态误差

2. 某采购员分别在三家商店购买 50kg 面粉、5kg 香蕉、0.5kg 巧克力，发现均缺少约 0.1kg，但该采购员对卖巧克力的商店意见最大，在这个例子中，产生此心理作用的主要因素是_____。

    A. 绝对误差   B. 示值相对误差
    C. 满度相对误差   D. 精度等级

3. 属于传感器动态特性指标的是_____。

    A. 重复性   B. 线性度
    C. 灵敏度   D. 固有频率

三、问答题

1. 什么是被测量的绝对误差、相对误差和引用误差？

2. 用测量范围为 −50～+150kPa 的压力传感器测量 140kPa 时，传感器的测量示值为 +142kPa，求该示值的绝对误差、相对误差和引用误差。

3. 已知待测电压约为 80V。现有两只电压表，一只为 0.5 级，测量范围为 0～300V，另一只为 1.0 级，测量范围为 0～100V。问选用哪一只电压表测量较好？为什么？

4. 传感器的静态特性主要有那些？说明什么是线性度？

5. 某测温系统由以下四个环节组成，各环节的灵敏度：铂电阻温度传感器为 0.45Ω/℃，电桥为 0.02V/Ω，放大器为 100（放大倍数），笔式记录仪为 0.2cm/V。

    求：（1）测温系统的总灵敏度；

    （2）记录仪笔尖位移 4cm 时，所对应的温度变化值。

6. 有三台测温仪表，量程均为 0～800℃，精度等级分别为 2.5 级、2.0 级和 1.5 级，现要测量 500℃ 的温度，要求相对误差不超过 2.5%，选用哪台仪表更合理？

7. 传感器选用时要考虑哪些方面的问题？

2 传感器信号处理技术

知识目标

(1) 掌握传感器检测电路的作用及工作原理。
(2) 了解传感器的非线性补偿方法。
(3) 了解传感器的温度补偿方法。
(4) 理解仪表抗干扰的措施。

技能目标

(1) 学会正确选择检测电路。
(2) 学会电桥性能测试的方法和步骤。
(3) 学会分析环境温度对仪表性能的影响。
(4) 学会发现干扰因素并能排除干扰。

2.1 单臂电桥、双臂电桥和全桥的性能项目说明

2.1.1 项目目的

通过电桥电路的连接，了解单臂电桥、双臂电桥和全桥的性能指标，对比三者之间的灵敏度和非线性，得出相应的结论。

2.1.2 项目条件

传感器综合实验台（含直流稳压电源、差动放大器、电桥、双平行梁、主副电源、应变片、数字显示电压表）。

2.1.3 项目内容及要求

分别利用单臂电桥、双臂电桥和全桥组成的电路测量金属箔式应变片受力情况，比较单臂电桥、双臂电桥和全桥的性能指标并分析灵敏度和非线性。

2.2 基 本 知 识

2.2.1 传感器输出信号的处理方法

1. 输出信号的特点

(1) 由于传感器种类繁多，其输出形式各不相同，如表 2-1 所示。
(2) 传感器的输出信号一般比较微弱，最小仅有 $0.1\mu V$。
(3) 传感器的输出阻抗较高，输入到测量电路时会产生较大的信号衰减。

（4）传感器的动态范围很宽。

（5）传感器的输出、输入量的变化不一定成线性比例关系。

（6）传感器的输出量会受温度的影响，有温度系数存在。

表 2-1　　　　　　　　　　　　**传感器输出信号形式**

输出形式	输出变化量	传感器的例子
开关信号型	机械触电	双金属温度传感器
	电子开关	霍尔开关式集成传感器
模拟信号型	电压	热电偶、磁敏元件、气敏元件
	电流	光敏二极管
	电阻	热敏电阻、应变片
	电容	电容式传感器
	电感	电感式传感器
其他	频率	多普勒速度传感器、谐振式传感器

2. 输出信号的处理方法

根据传感器输出信号的特点，必须采用不同的信号处理方法来提高测量系统的测量精度和线性，噪声抑制也是传感器信号处理的重要内容。传感器输出信号的处理主要由检测电路完成。典型的检测电路如表 2-2 所示。

表 2-2　　　　　　　　　　　　**典型的传感器检测电路**

检测电路	信号处理的功能
阻抗变换电路	将传感器输出的高阻抗变换为低阻抗，以便于检测电路准确拾取传感器的输出信号
放大电路	将微弱的传感器输出信号放大
电流/电压转换电路	将传感器的电流输出转换为电压
电桥电路	把传感器输出的电阻、电容、电感变化转换为电压或电流
频率/电压转换电路	把传感器输出的频率信号转换为电压或电流
电荷放大器	把电场型传感器输出产生的电荷转换为电压
有效值转换电路	在传感器为交流输出的情况下，转为有效值，变为直流输出
滤波电路	通过低通或带通滤波器消除传感器的噪声成分
线性化电路	在传感器的特性不是线性的情况下，用来进行线性校正
对数压缩电路	当传感器输出信号的动态范围较宽时，用对数电路进行压缩

2.2.2　传感器检测电路

检测电路是指对传感器输出信号进行处理和转换的电路，是检测与控制系统功能实现的基本电路。

1. 阻抗匹配器

传感器的输出阻抗较高，为防止信号衰减，常采用高输入阻抗的阻抗匹配器作为传感器输入到检测系统的前置电路。常用的有晶体管阻抗匹配器、场效应管阻抗匹配器。

（1）晶体管阻抗匹配器。由于射极输出器具有输入阻抗高，输出阻抗低，带负载能力强的特点，常用来做阻抗变换电路或前后级隔离电路使用。

（2）场效应管阻抗匹配器。场效应管是一种电平驱动元件，具有很高的输入阻抗，阻抗可高达 $10^{12}\Omega$ 以上。场效应管阻抗匹配器用做前置级的阻抗变换器。为了减少外界的干扰，场效应管阻抗匹配器可直接安装在传感器内，在电容式传感器、压电式传感器等容性传感器中得到了广泛的应用。

2. 电桥电路

电桥电路主要用来将传感器输出的电阻、电容、电感的变化转换为电压或电流信号。具有结构简单、精确度和灵敏度高的优点，在测试系统中应用非常广泛。

电桥按供电方式分为直流电桥和交流电桥。直流电桥主要用于电阻式传感器。交流电桥主要用于测量电容式和电感式传感器的电容和电感的变化。

按电桥工作状态可分为不平衡电桥和平衡电桥。不平衡电桥在连续量的自动检测中大量采用；平衡电桥又称为零位法测量，一般用于静态测量，准确性较高。在传感器测量中往往用不平衡电桥。

按桥臂的组成分为电阻电桥和阻抗电桥。其中阻抗电桥的四个桥臂可以是电阻，也可以是其他电容、电感等阻抗元件。

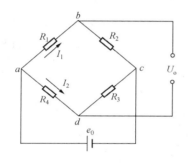

图 2-1　直流电桥的基本电路

按工作桥臂分为单臂电桥、双臂电桥和全桥（即四臂均为工作臂）。

（1）直流电桥。直流电桥的基本电路如图 2-1 所示。

电桥的输出电压为

$$U_\circ = \frac{R_1 R_3 - R_2 R_4}{(R_1 + R_2)(R_3 + R_4)} e_0 \qquad (2-1)$$

电桥的平衡条件为

$$R_2 R_4 = R_1 R_3 \qquad (2-2)$$

电桥平衡时，输出电压为零。

假设电桥桥臂各电阻变化值分别为 ΔR_1、ΔR_2、ΔR_3 和 ΔR_4，并采用全等臂桥（即 $R_1 = R_2 = R_3 = R_4 = R$）则电桥的输出为

$$U_\circ = \frac{e_0}{4R}(\Delta R_1 - \Delta R_2 + \Delta R_3 - \Delta R_4) \qquad (2-3)$$

桥臂阻值变化对输出电压所产生影响的规律（电桥的和差特性）：

1）相邻两桥臂（如图 2-1 中的 R_1 和 R_2）电阻的变化所产生的输出电压为该两桥臂各阻值变化产生的输出电压之差。

2）相对两桥臂（如图 2-1 中的 R_1 和 R_3）电阻的变化所产生的输出电压为该两桥臂各阻值变化产生的输出电压之和。

将电阻应变片接入等臂电桥有三种接法。

1）单臂工作电桥。单臂工作电桥的一个臂接入应变片，即 $\Delta R_1 \neq 0$，其余各臂为固定电阻，电桥输出为

$$U_\circ = \frac{e_0}{4} \frac{\Delta R_1}{R} \qquad (2-4)$$

2）双臂工作电桥。若电桥的两个臂接入应变片，其中一个应变片受压，另一个应变片受拉，即 $\Delta R_1 = -\Delta R_2$，其余两个为固定电阻，电桥输出为

$$U_o = \frac{e_0}{4}\frac{(\Delta R_1 - \Delta R_2)}{R} = \frac{e_0}{2}\frac{\Delta R_1}{R} \tag{2-5}$$

3）全桥工作电桥。若电桥的四个桥臂都为应变片，且 $\Delta R_1 = -\Delta R_2 = \Delta R_3 = -\Delta R_4$，电桥输出为

$$U_o = e_0 \frac{\Delta R_1}{R} \tag{2-6}$$

由式（2-4）～式（2-6）可见，全桥的工作方式灵敏度最高，输出电压最大。

（2）交流电桥。交流电桥的四个桥臂分别用阻抗 Z_1、Z_2、Z_3、Z_4 表示，可以是电感值、电容值或电阻值，输出电压为交流信号。

设交流电桥的电源电压为

$$u = U_m \sin\omega t \tag{2-7}$$

则交流电桥输出电压为

$$\dot{U}_o = \frac{Z_1 Z_3 - Z_2 Z_4}{(Z_1 + Z_2)(Z_3 + Z_4)}\dot{U} = \frac{Z_1 Z_3 - Z_2 Z_4}{(Z_1 + Z_2)(Z_3 + Z_4)}U_m \sin\omega t \tag{2-8}$$

交流电桥平衡条件为

$$Z_1 Z_2 = Z_3 Z_4 \tag{2-9}$$

3. 放大电路

放大电路主要用来将传感器输出的直流信号或交流信号进行放大处理，为检测系统提供高精度的模拟输入信号。

（1）运算放大器。

1）反相放大器。反相放大器的基本电路如图 2-2 所示。

其输出电压为

$$U_o = -\frac{R_F}{R_1}U_i \tag{2-10}$$

2）同相放大器。同相放大器的基本电路如图 2-3 所示。

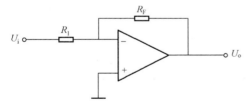 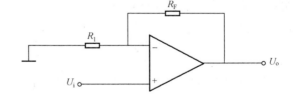

图 2-2　反相放大器的基本电路　　　　　图 2-3　同相放大器的基本电路

其输出电压为

$$U_o = \left(1 + \frac{R_F}{R_1}\right)U_i \tag{2-11}$$

3）差动放大器。差动放大器的基本电路如图 2-4 所示。

其输出电压为

$$U_o = \frac{R_F}{R_1}(U_2 - U_1) \tag{2-12}$$

差动放大器的优点是能够抑制共模信号。在测量过程中，温度的变化、电源电压的波动

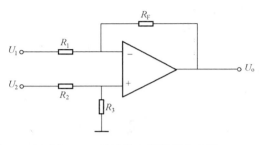

图 2-4　差动放大器的基本电路

和来自外部空间的电磁波干扰都相当于共模信号，都可以被差动电路所抑制，因此差动放大器的抗干扰能力很强。

（2）测量放大器。测量放大器又称数据放大器、仪表放大器。在测控系统中，用来放大传感器输出的微弱电压信号，一般与应变电桥、热电偶等配接进行信号的放大。

测量放大器具有输入阻抗高、输出阻抗低，稳定的放大倍数，低噪声、低漂移，足够的带宽和转换速率，高共模输入范围、高共模抑制比，可调的闭环增益，线性好、精度高，使用方便、成本低廉等特点。

三运放仪表放大器（双端输入高输入阻抗两极差动放大器）如图 2-5 所示。

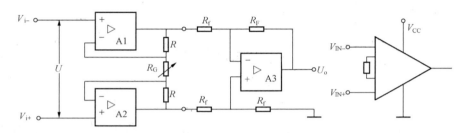

图 2-5　三运放仪表放大器

放大倍数为

$$A = \frac{U_\text{o}}{U_{\text{i}+} - U_{\text{i}-}} = \frac{R_\text{F}}{R_\text{f}}\left(1 + \frac{2R}{R_\text{G}}\right) \qquad (2-13)$$

AD 公司集成放大器还有 AD521、AD522、AD523、AD625、AD627 等。

（3）电荷放大器。电荷放大器等效电路如图 2-6 所示。电荷放大器是一种带电容负反馈的高输入阻抗、高放大倍数的运算放大器，用于放大压电传感器的输出信号，优点是可以避免传输电缆分布电容的影响。

输出电压为

$$U_\text{o} \approx -\frac{Q}{C_\text{f}} \qquad (2-14)$$

电荷放大器输出电压只与电荷和反馈电容有关，而与传输电缆的分布电容无关，因此电荷放大器的输出不受传输电缆长度的影响，为远距离测量提供了方便，但测量精度却与配接电缆的分布电容有关。

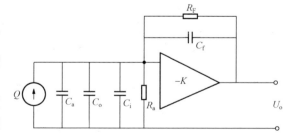

图 2-6　电荷放大器等效电路

实际使用的电荷放大器由电荷转换级、适调放大级、低通滤波器、电压放大器组成，如图 2-7 所示。

图 2-7　电荷放大器框图

（4）信号滤波电路。在传感器获得的检测信号中，含有与被测量无关的频率成分，因此传感器输出的信号通常要进行滤波，信号滤波电路的作用就是滤去不必要的高频或低频信号，或取得某特定频段的信号。信号滤波电路主要有以下类型。

1）低通滤波器。通过低频信号，抑制或衰减高频信号。

2）高通滤波器。允许高频信号通过，抑制或衰减低频信号。

3）带通滤波器。允许通过某一频段的信号，而在此频段两端以外的信号将被抑制或衰减。

4）带阻滤波器。容许频率低于某一频段的下限截止频率和高于上限截止频率的信号的通过。

2.2.3　非线性补偿技术

在测控系统中，利用传感器把被测量转换成电量时，传感器的输出量与被测物理量之间多数具有非线性关系，造成非线性的原因是有些传感器变换原理的非线性，也有的是由于转换电路的非线性。为了使用方便，必须进行非线性补偿。补偿的方法主要有模拟线性化和数字线性化。

1. 模拟线性化

在输入信号通道中加入非线性补偿环节进行补偿的方法称为模拟线性化。

（1）开环式非线性特性补偿。传感器一般有非线性，放大器是线性的。加入非线性补偿环节，使仪表的输出与输入间为线性关系。

（2）闭环式非线性反馈补偿。闭环式非线性反馈补偿的原理是利用反馈环节的非线性特性补偿传感器的非线性，使测量系统的输出输入特性为线性，如热电偶温度变送器。

（3）实现非线性补偿的具体方法。实现非线性补偿的常用方法是折线逼近法。在特性曲线的不同范围内，用直线分段地与特性曲线拟合，只要拟合的精度能够保证，就可用拟合直线代替非线性的特性曲线。采用折线逼近法要有非线性元件来产生折线的转折点，常用运放和二极管、电阻等组成的模拟电路来实现。

2. 数字线性化

数字线性化是用软件进行非线性补偿，常用的方法有三种。

（1）计算法。用根据传感器特性函数编制的计算程序计算与输入对应的输出量的方法称为计算法。

（2）查表法。在测量范围内把被测量分为若干个等分点，计算或测出对应的输出值，列成表格存入计算机。

（3）插值法。插值法是用一段简单曲线近似代替该区间的实际曲线，再用近似曲线公式计算输出量，常用的方法有线性插值法和二次插值法两种。

2.2.4　温度补偿技术

由于传感器的特性会受到环境温度的影响，因此检测系统的特性也会随着温度的变化而变化，温度补偿技术就是为削弱环境温度对仪表性能的影响而采取的技术措施。

1. 温度补偿方式

（1）自补偿。自补偿是利用传感器本身部件的温度特性抵消温度变化影响的方法。

（2）并联补偿。并联补偿是在主测量环节上并联一个补偿环节使总输出不随温度变化。

（3）反馈式补偿。反馈式补偿是利用负反馈原理保持仪表的特性不随环境温度而变化。

2. 温度补偿方法

温度补偿有硬件补偿和软件补偿两种方法。

（1）硬件补偿方法。

1）零点补偿。用一附加电路产生与零漂大小相等、极性相反的信号实现补偿。

2）灵敏度补偿。随时测量检测系统的灵敏度，再通过一定的电路控制系统的灵敏度，使其保持不变来实现补偿。

3）综合补偿。零点和灵敏度不分开补偿，保持系统的输出不随温度变化。

（2）软件补偿方法。建立温度误差的数学模型，通过编程计算补偿温度变化的影响，称为软件补偿方法。

1）零点补偿。检测零漂值并储存在微机中，每次测量都减去该零漂值，实现零点补偿。

2）零漂的自动跟踪补偿。随时测量系统的零漂值并储存在微机中，用此值随时修正采样值。

3）传感器的温度误差补偿。一些测量系统需对传感器单独进行温度补偿。

2.2.5 抗干扰技术

1. 干扰的来源及形式

（1）外部干扰。从外部侵入检测装置的干扰称为外部干扰。来源于自然界的干扰称为自然干扰；来源于其他电气设备或各种电操作的干扰，称为人为干扰（或工业干扰）。

自然干扰主要来自天空，如雷电、宇宙辐射、太阳黑子活动等，对广播、通信、导航等电子设备影响较大，而对一般工业用电子设备（检测仪表）影响不大。

人为干扰来源于各类电气、电子设备所产生的电磁场和电火花及其他机械干扰、热干扰、化学干扰等。

（2）内部干扰。是由传感器或检测电路元件内部带电微粒的无规则运动产生的。例如电阻中随机性电子热运动引起的热噪声，半导体内载流子随机运动引起的散粒噪声等。

（3）信噪比（S/N）。在测量过程中，不希望有噪声，但是噪声不可能完全排除，也不能用一个确定的时间函数来描述。实践中只要噪声小到不影响检测结果是允许存在的，通常用信噪比来表示噪声对有用信号的影响，而用噪声系数 N_F 表征器件或电路对噪声的品质因数。

信噪比 S/N 是用有用信号功率 P_S 和噪声功率 P_N 或信号电压有效值 U_S 与噪声电压有效值 U_N 的比值的对数单位来表示，即

$$S/N = 10\lg\frac{P_S}{P_N} = 20\lg\frac{U_S}{U_N} \quad (dB) \tag{2-15}$$

信噪比小，信号与噪声就难以分清，若 $S/N=1$，就完全分辨不出信号与噪声。信噪比越大，表示噪声对测量结果的影响越小，在测量过程中应尽量提高信噪比。

2. 干扰的耦合方式及传输途径

干扰必须通过一定的耦合通道或传输途径才能对检测装置的正常工作造成不良影响。

造成系统不能正常工作的三个条件是：干扰源、对干扰敏感的接收电路、干扰源到接收电路之间的传输途径。

常见的干扰耦合方式主要有：

（1）通过"路"的干扰。

1) 泄漏电阻。元件支架、探头、接线柱、印刷电路，以及电容器内部介质或外壳等绝缘不良等都可产生漏电流，引起干扰。

2) 共阻抗耦合干扰。两个以上电路共有一部分阻抗，一个电路的电流流经共阻抗所产生的电压降就成为其他电路的干扰源。在电路中的共阻抗主要有电源内阻（包括引线寄生电感和电阻）和接地线阻抗。

3) 经电源线引入干扰。交流供电线路在现场的分布构成了吸收各种干扰的网络，而且以电路传导的形式传遍各处，通过电源线进入各种电子设备造成干扰。

（2）通过"场"的干扰。

1) 通过电场耦合的干扰。电场耦合是由于两支路（或元件）之间存在着寄生电容，使一条支路上的电荷通过寄生电容传送到另一条支路上，因此又称电容性耦合。

2) 通过磁场耦合的干扰。当两个电路之间有互感存在时，一个电路中的电流变化，就会通过磁场耦合到另一个电路中。例如变压器及线圈的漏磁，两根平行导线间的互感。因此通过磁场耦合的干扰又称互感性干扰。

·3) 通过辐射电磁场耦合的干扰。辐射电磁场通常来自大功率高频用电设备、广播发射台、电视发射台等。

3. 干扰的抑制技术

（1）抑制干扰的方法。

1) 消除或抑制干扰源。如使产生干扰的电气设备远离检测装置；对继电器、接触器、断路器等采取触点灭弧措施或改用无触点开关；消除电路中的虚焊、假接等。

2) 破坏干扰途径。提高绝缘性能，采用变压器、光电耦合器隔离以切断"路"径；利用退耦、滤波、选频等电路手段引导干扰信号转移；改变接地形式消除共阻抗耦合干扰途径；对数字信号可采用甄别、限幅、整形等信号处理方法或选通控制方法切断干扰途径。

3) 削弱接收电路对干扰的敏感性。例如电路中的选频措施可以削弱对全频带噪声的敏感性，负反馈可以有效削弱内部噪声源，其他如对信号采用绞线传输或差动输入电路等。

（2）常用的抗干扰技术有屏蔽、接地、滤波、隔离技术等。

1) 屏蔽技术。

a. 静电屏蔽。在静电场作用下，导体内部各点等电位，即导体内部无电力线。因此，若将金属屏蔽盒接地，则屏蔽盒内的电力线不会传到外部，外部的电力线也不会穿透屏蔽盒进入内部。前者可抑制干扰源，后者可阻截干扰的传输途径。静电屏蔽也称电场屏蔽，可以抑制电场耦合的干扰。为了达到较好的静电屏蔽效果，应选用铜、铝等低电阻金属材料作屏蔽盒，屏蔽盒要良好地接地，尽量缩短被屏蔽电路伸出屏蔽盒之外的导线长度。

b. 电磁屏蔽。电磁屏蔽主要是抑制高频电磁场的干扰，屏蔽体采用良导体材料（铜、铝或镀银铜板），利用高频电磁场在屏蔽导体内产生涡流的效应，一方面可消耗电磁场能量，另一方面涡电流产生反磁场可抵消高频干扰磁场，从而达到磁屏蔽的效果。当屏蔽体上必须开孔或开槽时，应注意避免切断涡电流的流通途径。若把屏蔽体接地，则可兼顾静电屏蔽。若要对电磁线圈进行屏蔽，屏蔽罩直径必须大于线圈直径一倍以上，否则将使线圈电感量减小，品质因数 Q 值降低。

c. 磁屏蔽。对低频磁场的屏蔽，要用高导磁材料，使干扰磁感线在屏蔽体内构成回路，屏蔽体以外的漏磁通很少，从而抑制了低频磁场的干扰作用。为保证屏蔽效果，屏蔽板应有一定的厚度，以免磁饱和或部分磁通穿过屏蔽层而形成漏磁干扰。

2）接地技术。接地技术目的是消除各电路电流流经公共地线时所产生的噪声电压，以及免受电磁场和地电位差的影响，即不使其形成地环路。

a. 电气、电子设备中的地线。接地起源于强电技术。为保障安全，将电网零线和设备外壳接大地，称为保安地线。对于以电能作为信号的通信、测量、计算控制等电子技术来说，把电信号的基准电位点称为"地"，它可能与大地是隔绝的，称为信号地线。信号地线分为模拟信号地线和数字信号地线两种。另外从信号特点来看，还有信号源地线和负载地线。

b. 一点接地原则。

机内一点接地。单级电路有输入与输出及电阻、电容、电感等不同电平和不同性质的信号地线；多级电路中的前级和后级的信号地线；在 A/D、D/A 转换的数模混合电路中的模拟信号地线和数字信号地线；整机中有产生噪声的继电器、电动机等高功率电路和引导或隔离干扰源的屏蔽机构，以及机壳、机箱、机架等金属件的地线均应分别一点接地，然后再总的一点接地。

系统一点接地。对于一个包括传感器（信号源）和测量装置的检测系统，也应考虑一点接地。

电缆屏蔽层的一点接地。如果测量电路是一点接地，电缆屏蔽层也应一点接地。

2.3　单臂电桥、双臂电桥和全桥的性能项目实践操作

2.3.1　工作计划

本项目计划是分别作应变片单臂、双臂和全桥性能实验，掌握电桥电路的工作原理，分析实验数据，比较单臂、双臂和全桥的灵敏度，了解传感器信号处理和数字显示的过程。项目工作计划如表 2-3 所示。

表 2-3　　　　　　　　　　电桥电路的性能指标测试工作计划表

序号	内容	负责人	起止时间	工作要求	完成情况
1	研讨任务	全体组员		分析项目的具体要求	
2	制订计划	小组长		学生根据项目要求，制定分工计划和工作任务实施步骤，确定完整的工作计划	
3	讨论项目的原理	全体组员		理解单臂、双臂和全桥实验的工作原理及接线、测量方法	
4	实际操作	全体组员		根据要求进行连线并记录数据	
5	效果检查	小组长		检查数据的正确性，分析结果	
6	评估	老师		学生自查、互查，教师考核，记录成绩并对学生工作结果做出评价	

2.3.2　方案分析

电阻丝在外力作用下发生机械变形时，其电阻值发生变化，这就是电阻应变效应，描述电阻应变效应的关系式为

$$\Delta R/R = K\varepsilon$$

(2-16)

$$\varepsilon = \Delta l / l$$

式中　$\Delta R / R$——电阻丝电阻相对变化；

　　　　K——应变灵敏系数；

　　　　ε——电阻丝长度相对变化。

金属箔式应变片就是通过光刻、腐蚀等工艺制成的应变敏感组件，四个金属箔应变片分别贴在弹性体的上下两侧，弹性体受到压力发生形变，应变片随弹性体形变被拉伸，或被压缩。应变片布置如图2-8所示。通过这些应变片转换被测部位受力状态变化、电桥的作用完成电阻到电压的比例变化。

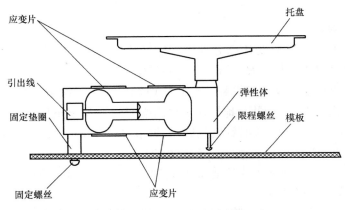

图 2-8　应变片布置图

2.3.3　操作分析

1. 金属箔式应变片——单臂电桥性能实验

单臂电桥实验接线如图2-9所示。

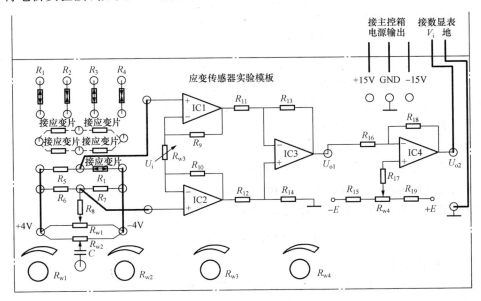

图 2-9　单臂电桥实验接线图

图 2-9 中 R5、R6、R7 为固定电阻，与应变片一起构成一个单臂电桥，其输出电压为

$$U_。= \frac{E}{4} \times \frac{\frac{\Delta R}{R}}{1 + \frac{1}{2} \times \frac{\Delta R}{R}} \tag{2-17}$$

式中　E——电桥电源电压；

　　　R——固定电阻值。

式（2-17）表明单臂电桥输出为非线性，非线性误差为

$$L = -\frac{1}{2} \times \frac{\Delta R}{R} \times 100\% \tag{2-18}$$

实验内容与步骤。

（1）应变传感器上的各应变片已分别接到应变传感器模块左上方的 R1、R2、R3、R4 上，可用万用表测量判别，$R_1 = R_2 = R_3 = R_4 = 350\Omega$。

（2）差动放大器调零。从主控台接入±15V 电源，检查无误后，合上主控台电源开关，将差动放大器的输入端 Ui 短接并与地短接，输出端 Uo2 接数显电压表（选择 2V 档）。将电位器 Rw3 调到增益最大位置（顺时针转到底），调节电位器 Rw4 使电压表显示为 0V。关闭主控台电源。（Rw3、Rw4 的位置确定后不能改动）

（3）按图 2-9 连线，将应变式传感器的其中一个应变电阻（如 R1）接入电桥与 R5、R6、R7 构成一个单臂直流电桥。

（4）加托盘后电桥调零。电桥输出接到差动放大器的输入端 Ui，检查接线无误后，合上主控台电源开关，预热 5min，调节 Rw1 使电压表显示为零。

（5）在应变传感器托盘上放置一只砝码，读取数显表数值，依次增加砝码和读取相应的数显表值，直到 200g 砝码加完，记下实验结果，填入表 2-4，关闭电源。

表 2-4 　　　　　　　　　　　　　　　**单臂电桥性能实验数据记录**

质量（g）										
电压（mV）										

根据表 2-4 的数据计算系统灵敏度 $S = \Delta U / \Delta W$（ΔU 输出电压变化量，ΔW 重量变化量）和非线性误差 $\delta_\text{fl} = \Delta m / y_\text{F.S} \times 100\%$，其中 Δm 为输出值（多次测量时为平均值）与拟合直线的最大偏差；$y_\text{F.S}$ 为满量程（200g）输出平均值。

2. 金属箔式应变片——半桥电桥性能实验

半桥电桥性能实验接线图如图 2-10 所示。

不同受力方向的两只应变片接入电桥作为邻边，如图 2-10 所示。电桥输出灵敏度提高，非线性得到改善，当两只应变片的阻值相同、应变系数也相同时，半桥的输出电压为

$$U_。= EK \frac{\varepsilon}{2} = \frac{E}{2} \times \frac{\Delta R}{R} \tag{2-19}$$

式中　E——电桥电源电压。

式（2-19）表明，半桥输出与应变片阻值变化率呈线性关系。

实验内容与步骤。

（1）应变传感器已安装在应变传感器实验模块上，可参考图 2-8。

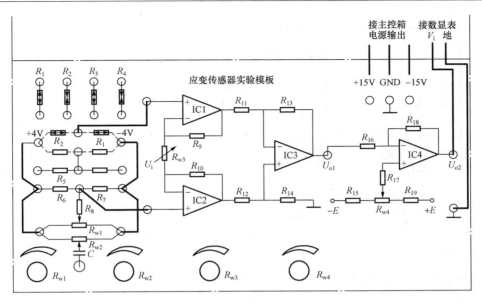

图 2 - 10　半桥电桥性能实验接线图

（2）差动放大器调零，参考单臂实验步骤 2。

（3）按图 2 - 10 接线，将受力相反（一片受拉力，一片受压力）的两只应变片接入电桥的邻边。

（4）加托盘后电桥调零，参考实验一步骤 4。

（5）在应变传感器托盘上放置一只砝码，读取数显表数值，依次增加砝码和读取相应的数显表值，直到 200g 砝码加完，记下实验结果，填入表 2 - 5，关闭电源。

表 2 - 5　　　　　　　　　　　双臂电桥性能实验数据记录

质量（g）									
电压（mV）									

根据表 2 - 5 的实验资料，计算灵敏度 $L = \Delta U / \Delta W$，非线性误差 δ_{f2}。

3. 金属箔式应变片——全桥性能实验

全桥实验接线图如图 2 - 11 所示。

全桥测量电路中，将受力性质相同的两只应变片接到电桥的对边，不同的接入邻边，如图 2 - 12 所示。当应变片初始值相等，变化量也相等时，其桥路输出：

$$U_o = EK\varepsilon \qquad (2 - 20)$$

式中　E——电桥电源电压。

式（2 - 20）表明，全桥输出灵敏度比半桥又提高了一倍，非线性误差得到进一步改善。

实验内容与步骤。

（1）应变传感器已安装在应变传感器实验模块上，可参考图 2 - 8。

（2）差动放大器调零，参考单臂实验步骤（2）。

（3）按图 2 - 11 接线，将受力相反（一片受拉，一片受压）的两对应变片分别接入电桥的邻边。

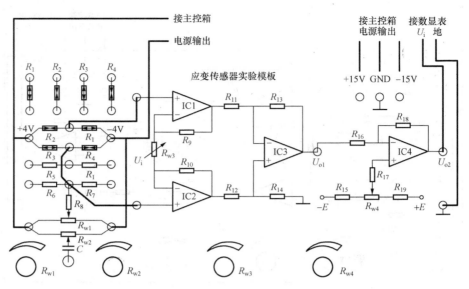

图 2-11　全桥实验接线图

（4）加托盘后电桥调零，参考单臂实验步骤（4）。

（5）在应变传感器托盘上放置一只砝码，读取数显表数值，依次增加砝码和读取相应的数显表值，直到 200g 砝码加完，记下实验结果，填入表 2-6，关闭电源。特别应注意，加在应变传感器上的压力不应过大，以免造成应变传感器的损坏！

表 2-6　　　　　　　　　　　　全桥性能实验数据记录

质量（g）									
电压（mV）									

根据记录表 2-6 的实验资料，计算灵敏度 $L = \Delta U / \Delta W$，非线性误差 δ_{f3}。

2.4　单臂电桥、双臂电桥和全桥的性能项目的评价

2.4.1　检测方法

学生接线无误后可通电测量，根据计算结果，比较单臂、半桥、全桥测量电路的灵敏度和非线性度，得出相应的结论。若实验结果偏离理论值过大，则实验有误，需要认真检测，找出错误，重新测量。找出俩组同学讲解和分析项目内容和结果。

2.4.2　评估策略

实验结束后，学生依据表 2-7 所示的电桥电路性能指标测试评估表中的评分标准进行小组自评、互评打分。

教师在学生工作过程中，巡回检查指导，及时纠正电路接线错误、调试方法不对等问题。依据学生所出现的问题、完成时间、数据处理、工具使用、组织得当、分工合理等方面进行考核，记录成绩并对学生工作结果做出评价。评估内容如表 2-7 所示。

表 2-7   **电桥电路的性能指标测试评估表**

班级		组号		姓名		学号		成绩	
评估项目		扣分标准						小计	
1. 信息收集能力（10分）		能根据任务要求收集检测电路相关资料不扣分							
		收集相关资料不完整的扣5分							
		不收集资料的不得分							
2. 项目的原理（15分）		能掌握单臂、双臂和全桥的工作原理不扣分							
		不能理解工作原理每错一个扣5分							
3. 具体操作（20分）		接线正确、数据记录完整的不扣分							
		接线正确、数据记录不完整的扣5分							
		接线不正确扣10分							
4. 数据处理（10分）		数据记录正确、分析正确的不扣分							
		数据记录正确、分析不完整的扣4分							
		数据记录不正确的扣7分							
5. 汇报表达能力（10分）		表达完整，条理清楚不扣分							
		表达不够完整，条理清楚扣4分							
		表达不完整，条理不清楚扣8分							
6. 考勤（10分）		出全勤、不迟到、不早退不扣分							
		不能按时上课每迟到或早退一次扣3分							
7. 学习态度（5分）		学习认真，及时预习复习不扣分							
		学习不认真不能按要求完成任务扣3分							
8. 安全意识（6分）		安全、规范操作							
9. 团结协作意识（4分）		能团结同学互相交流、分工协作完成任务							
10. 实训报告（10分）		按时、完整、正确地完成实训报告不扣分							
		按时完成实训报告，不完整、正确的扣3分							
		不能按时完成实训报告，不完整、有错误扣6分							

巩 固 与 练 习

1. 直流测量电桥和交流测量电桥有什么区别？

2. 采用阻值 $R=120\Omega$，灵敏度系数 $K=2.0$ 的金属电阻应变片与阻值 $R=120\Omega$ 的固定电阻组成电桥，供桥电压为 10V，当应变片应变为 $1000\mu\varepsilon$ 时，若要使输出电压大于 10mV，则可采用何种接桥方式（设输出阻抗为无穷大）？

3. 形成噪声干扰必须具备的三个要素是：_____、_____及_____。

4. 抑制噪声干扰的方法：_____、_____及_____。

5. 根据干扰的来源，可把干扰分为_____和_____。

6. 接地方式有哪几种？各适用于什么情况？

7. 屏蔽有哪几种类型？

3　温　度　测　量

 知识目标

（1）了解温度传感器的种类及选择方法。

（2）掌握热电偶和热电阻测温的原理、连接方式，学会利用手册查阅温度元件的技术参数，学会使用热电偶、热电阻的分度表。

（3）掌握测温二次仪表的参数设置、连接方式。

（4）掌握热电偶冷端温度补偿方法和热电阻的三线制连接方法。

技能目标

（1）通过测温传感器和测温仪表实物及说明书，掌握相应参数设置及正确连接方法，正确使用仪表。

（2）判断温度检测系统的简单故障。

（3）会合理选用测温传感器及其配套仪表组成测温系统。

3.1　温度测量项目说明

3.1.1　项目目的

学习掌握 K 型热电偶的应用。

3.1.2　项目条件

智能调节仪、PT100、K 型热电偶、温度源、温度传感器实验模块。

3.1.3　项目内容及要求

通过设计和连接组成温度检测系统，学会查阅学习资料，合理选择温度传感器，并掌握热电偶和热电阻测温的原理、连接方式；通过阅读技术资料，掌握测温二次仪表的参数设置、连接方式。学会根据手册查阅温度元件的技术参数，计算实际温度值。

3.2　基　本　知　识

3.2.1　温度测量的基本概念

1. 温度

温度是表征物体冷热程度的物理量，是物体内部分子无规则剧烈运动程度的标志，分子运动越剧烈，温度就越高。

2. 温标

在温度测量过程中，为了保证温度量值的准确和统一，需要建立一个衡量温度的标准尺度，这个标准尺度称为温标。温标明确了温度的单位，各种测量温度计的数值都是由温标决定的，即温度计必须先进行分度（或称标定）。温标分为摄氏温标、华氏温标、热力学温标，三者的关系如图 3-1 所示。

（1）摄氏温标。摄氏温标也叫"百分温标"，是用水银作为测温介质，利用水银受热体积膨胀的原理制成的玻璃水银温度计来测量温度，并规定在标准大气压力下，水的冰点为 0 摄氏度，水的沸点为 100 摄氏度，在 0 摄氏度到 100 摄氏度高度之间进行 100 等分，每等份为摄氏温标 1 度，单位符号为℃，摄氏温度用 t_c 或 t 表示。

（2）华氏温标。华氏温标规定在标准大气压下纯水的冰点为华氏 32，沸点为华氏 212，把其两点中间水银柱高度分为 180 等分，每一

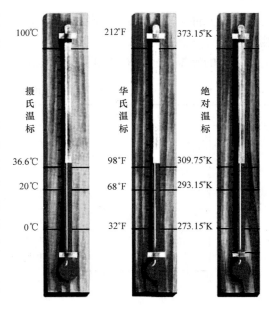

图 3-1 摄氏、华氏和热力学温标对比图

等分为华氏 1 度，单位符号为 F。华氏温度用 θ 表示。摄氏温度和华氏温度的关系为

$$\theta = \frac{9}{5}t_c + 32 \tag{3-1}$$

式中 t_c——摄氏温度，℃。

（3）热力学温标。1848 年英国科学家开尔文（Kelvin）根据热力学定律，提出以卡诺循环为基础建立热力学温标。又称开尔文温标或者绝对热力学温标。温度代号为 T，单位符号为 K。

热力学温标只采用一个标准固定点，即水三相点（273.16K）作为热力学温度的基本固定点。热力学温标的零度（0K）称为绝对零度。事实上绝对零度是达不到的，在物理上不能实现的推理，绝对零度是低温的极限，能够无线接近，而不能达到。

由于热力学温标在使用上不太方便，国际上协商决定，建立一种既符合热力学温标而使用又简便的温标，即国际温标（ITS）。用来复现热力学温标，复现精度高，以保证各国温度量值的统一。

国际温标同时使用国际开尔文温度（变量符号为 T）和国际摄氏温度（变量符号为 t），摄氏度与开尔文的简单换算关系为

$$t = T - 273.15 \tag{3-2}$$

3.2.2 温度测量的主要方法及分类

温度的变化会影响物质的尺寸、密度、黏度、弹性系数、导电率、热导率、热辐射、热电势等物理性质的变化。因此，测出物质的某一特性变化就可以间接知道被测物体的温度，这就是测温的基本原理。利用物质的某些参数随温度变化的特性，制成了温度传感器。

温度的测量方法通常分为两大类，即接触式测温和非接触式测温。接触式测温是基于热平衡原理，测温时，感温元件与被测介质直接接触，当达到热平衡时，获得被测物体的温度。例如，热电偶、热敏电阻、膨胀式温度计等。非接触式测温是基于热辐射原理，测温

时，感温元件不直接与被测介质接触，通过辐射实现热交换，达到测量的目的。例如：红外测温仪、光学高温计等。

常用的测温传感器有热电偶、热电阻、半导体温度传感器等，其特点如表 3-1 所示。

表 3-1 常用温度检测传感器种类及特点

测温方法	传感器机理和类型		测温范围（℃）	特 点
接触式	体积热膨胀	玻璃水银温度计	−50～350	不需要电源，耐用；但感温部件体积较大
		双金属片温度计	−50～300	
		气体温度计	−250～1000	
		液体压力温度计	−200～350	
	接触热电势	钨铼热电偶	1000～2100	自发电型，标准化程度高，品种多，可根据需要选择；需进行冷端补偿
		铂铑热电偶	50～1800	
		其他热电偶	−200～1200	
	电阻变化	铂热电阻	−200～850	标准化程度高，但需要接入桥路才能得到电压输出
		铜热电阻	−50～150	
		热敏电阻	−50～450	
	PN 结结电压	半导体集成温度计	−50～150	体积小，线性好，但测温范围小
	温度-颜色	示温涂料	−50～1300	面积大，可得到温度图像；但易衰老，准确度低
		液晶	0～100	
非接触式	光辐射 热辐射	红外辐射温度计	−80～1500	响应快；但易受环境及被测体表面影响，标定困难
		光电高温温度计	500～3000	
		热释电温度计	0～1000	
		光子探测器	0～3500	

3.2.3 热电偶

热电偶是工业中常用的一种测温传感器。其测温原理是基于热电效应，将温度量转换为热电势，通过测量热电势的大小，实现温度的测量。热电偶广泛应用于测量 100～2800℃ 范围及以上的温度。热电偶测温具有结构简单，使用方便，精度高，热惯性小等优点。并且热电偶能将温度信号转换为电压信号，因此可以远距离传递，也可以进行集中检测与控制。

1. 热电偶的结构形式及标准化热电偶

（1）热电偶的结构形式。

1）普通型热电偶。普通型热电偶主要由热电极、绝缘套管、保护套管和接线盒四部分组成，如图 3-2 所示。其中热电极是由两种不同的金属铰接在一起构成，分正电极和负电极，是热电偶的核心。绝缘套管是为了防止正负两电极接触而构成短路。保护套管是为了保护热电极不受机械冲击，同时与接线盒把热电极密封起来，防止热电极和一些气体发生化学反应，造成测量误差。接线盒主要作用是引出导线。

2）铠装热电偶。

a. 铠装热电偶的制造工艺。把热电极材料与高温绝缘材料预置在金属保护管中，运用同比例压缩延伸工艺将这三者合为一体，制成各种直径、规格的铠装偶体，再截取适当长

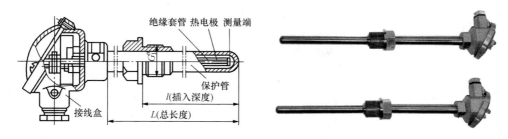

图 3-2　普通型（金属套管）热电偶结构图及外形

度，将工作端焊接密封，配置接线盒即成为柔软、细长的铠装热电偶，如图 3-3 所示。

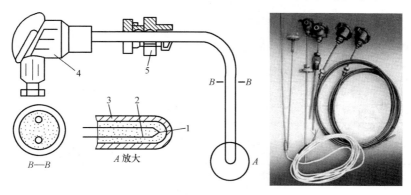

图 3-3　铠装热电偶结构图及外形
1—热电极；2—绝缘材料；3—金属套管；4—接线盒；5—固定装置

　　b. 铠装热电偶的特点。内部的热电偶丝与外界空气隔绝，有着良好的抗高温氧化、抗低温水蒸气冷凝、抗机械外力冲击的特性。铠装热电偶可以制作得很细，能解决微小、狭窄场合的测温问题，且具有抗震、可弯曲、超长等优点。

　　3）薄膜热电偶。用真空蒸镀的方法，将热电偶材料沉积在绝缘基板上而成的热电偶，热电极和基板材料的选择则视被测温度的范围而定，测温范围为−200～500℃。薄膜热电偶结构如图 3-4 所示。

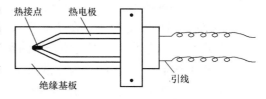

图 3-4　薄膜热电偶结构示意图

　　由于薄膜热电偶采用蒸镀，热电偶可做得很薄（可达 $0.01\sim0.1$mm），尺寸也做得很小。因此热接点的热容量小，反应时间非常短。应用时将薄膜热电偶用胶黏剂紧贴在被测物表面，热损失小，测量准确度高。薄膜热电偶主要用于微小面积上的温度测量，因其相应速度快，可测量瞬间变化的表面温度。

　　（2）标准化热电偶及材料。所谓标准化热电偶是指工艺较成熟，能成批生产，性能优良，应用广泛并已列入工业标准文件中的几种热电偶。同一型号的标准化热电偶可以互换，并具有统一的分度表，使用很方便，且有与其配套的显示仪表可供使用。

　　国际电工委员会（IEC）共推荐了八种标准化的热电偶。组成热电偶的两种材料正极写在前面，负极写在后面。目前我国工业中常用的四中标准化热电偶材料分别是：铂铑$_{30}$-铂铑$_6$（B）、铂铑$_{10}$-铂（S）、镍铬-镍硅（K）、铜-铜镍（T）。各种热电偶的特性如表 3-2 所示。

表 3 - 2   常用热电偶特性表

名称	分度号	测温范围（℃）	100℃时的热电动势（mV）	特点
铂铑$_{30}$—铂铑$_6$	B	50～1820	0.033	熔点高，测温上限高，性能稳定，精度高；100℃以下时热电势极小，可不必考虑冷端补偿；价格昂贵，电动势小；只适用于高温域的测量
铂铑$_{10}$—铂	S	−50～1768	0.646	使用上限较高；精度高，性能稳定，复现性好；但热电势较小，不能在金属蒸汽和还原性气氛中使用，在高温下连续使用特性会变坏，价格昂贵；大多用于精密测量
铂铑$_{13}$—铂	R	−50～1768	0.647	同 S 型热电偶，但性能更好
镍铬—镍硅	K	−270～1370	4.095	热电势大，线性好，稳定性好，价廉；但材质较硬，1000℃以上长期使用会引起热电动势漂移；大多用于工业测量
镍铬硅—镍硅	N	−270～1370	2.774	是一种新型热电偶，各项性能比 K 型热电偶更好，适宜于工业测量
镍铬—铜镍	E	−270～800	6.319	热电势比 K 型热电偶大 50% 左右，线性好，耐高湿度，价廉；但不能用于还原性气氛，大多用于工业测量
铁—铜镍	J	−210～760	5.269	价廉，在还原性气氛中性能较稳定；但纯铁易被腐蚀和氧化；多大用于工业测量
铜—铜镍	T	−270～400	4.277	价廉，加工性能好，离散性小，性能稳定，线性好，精度高；铜在高温时易被氧化，测温上限底；大多用于低温测量，可做−200～0℃温域的计量标准

2. 工作原理

两种不同材料导体 A 和 B，两端连接在一起，构成一闭合回路，如图 3 - 5 所示。当一端温度为 T_0，另一温度为 T（设 $T > T_0$），这时回路中就有电流或热电势 E_{AB}（T，T_0）产生，这种现象叫热电效应。把此闭合回路称为热电偶。A、B 导体称为热电极，T 接触点为热端，又称工作端；T_0 接触点为冷端，又称参考端。

研究表明，热电效应产生的热电势 E_{AB}（T，T_0）是由接触电动势和单一导体的温差电势引起的。

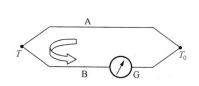

图 3 - 5 热电偶原理示意图

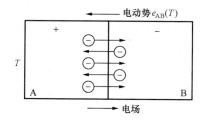

图 3 - 6 接触电势形成过程

（1）接触电势。将两种不同导体材料 A 和 B 相互接触，如图 3 - 6 所示，由于不同金属材料自由电子的密度不同，在 A 和 B 接触处会发生自由电子扩散现象。自由电子从密度大的 A 金属向密度小的 B 金属扩散。A 失去电子带正电，B 得到电子带负电，于是在接触处便形成了电位差，该电位差称作珀尔贴电势，又称接触电势。该电势将阻碍电子的进一步扩散，当电子扩散与电场的阻力平衡时，接触处的电子扩散就达到了动态平衡，接触电势也就达到一个稳态值。

接触电势的大小，由两种金属的特性和接触点处的温度所决定。A 材料的自由电子密度大于 B 材料的自由电子密度，即 $n_A > n_B$，则工作端和参考端的接触电势分别表示为

$$e_{AB}(T) = \frac{KT}{e} \ln \frac{n_A}{n_B} \qquad (3-3)$$

$$e_{AB}(T_0) = \frac{KT_0}{e} \ln \frac{n_A}{n_B} \qquad (3-4)$$

式中　$e_{AB}(T)$——A、B 两种金属在温度 T 时的接触电势；

　　　$e_{AB}(T_0)$——A、B 两种金属在温度 T_0 时的接触电势；

　　　K——玻尔兹曼系数，$K = 1.38 \times 10^{-23} \mathrm{J/k}$；

　　　e——电子电荷，$e = 1.6 \times 10^{19}$；

　　　n_A，n_B——金属导体 A、B 的自由电子密度；

　　　T，T_0——接触处的绝对温度。

由式（3-3）、（3-4）可以看出，热电偶回路中的接触电势只与导体 AB 的性质和接触点的温度有关。如果两个接触点的温度相同，尽管两个接触点都存在接触电动势，但回路中总接触电动势为零。

（2）温差电势。对于均质的单一导体，若单一导体两端温度不同，由于高温端的电子能量比低温端的电子能量大，导体内的自由电子将从高温端向低温端扩散，并在温度较低一端积聚起来，使导体内建立起一电场，形成电位差，该电位差称为汤姆逊电势或温差电势，如图 3-7 所示。该电势将阻止电子从高温端跑向低温端，当这电场对电子的作用力与扩散力相平衡时，达到动态平衡，温差电势达到稳态值。温差电势的大小与导体材料和导体两端温度差有关。

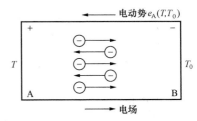

图 3-7　温差电势形成过程

使用中，当测出热电势后通常不是利用公式计算，而是用查热电偶分度表的方法来确定。分度表是将冷端温度保持为 $T_0 = 0℃$，通过实验建立热电势和温度之间的数值对应关系。

（3）热电偶总热电势。

热电偶总热电势为

$$E_{AB}(T, T_0) = e_{AB}(T) + e_A(T, T_0) - e_{AB}(T_0) - e_B(T, T_0) \qquad (3-5)$$

由于温差电势比接触电势小很多，可以忽略不计，则热电偶的总热电势为

$$E_{AB}(T, T_0) = e_{AB}(T) - e_{AB}(T_0) \qquad (3-6)$$

$$= \frac{KT}{e} \ln \frac{n_A}{n_B} - \frac{KT_0}{e} \ln \frac{n_A}{n_B}$$

$$= \frac{K}{e} \ln \frac{n_A}{n_B} (T - T_0)$$

式（3-6）可以得出，在实际工作中热电偶选定后，测量时热电偶的热电势大小只和测量端和参考端的温差有关系。

3. 热电偶测温基本定律

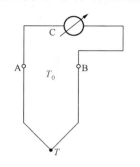

（1）均质导体定律。两种均质金属组成的热电偶，其热电势大小只与热电极材料和两端温度有关，与热电极的几何尺寸无关。若材质不均匀则会产生附加电势。

（2）中间导体定律。中间导体定律说明，在热电偶回路中插入第三、四种导体，只要插入导体的两端温度相等，且插入导体是均质的，热电偶产生的热电势保持不变。如图3-8所示。

热电偶在 T_0 处断开，插入第三种导体C，则回路中总的热电

图 3-8　中间导体定律图　势可表示为

$$E_{ABC}(T, T_0) = [e_{AB}(T) + e_{BC}(T_0) + e_{CA}(T_0)] - [e_A(T, T_0) - e_B(T, T_0) - e_C(T_0, T_0)]$$
$$\tag{3-7}$$

忽略掉温差电势则有

$$E_{ABC}(T, T_0) = e_{AB}(T) + e_{BC}(T_0) + e_{CA}(T_0) \tag{3-8}$$

将式（3-3）、式（3-4）代入上式，则

$$E_{ABC}(T, T_0) = \frac{KT}{e} \ln \frac{n_A}{n_B} + \frac{KT_0}{e} \ln \frac{n_B}{n_C} + \frac{KT_0}{e} \ln \frac{n_C}{n_A}$$
$$= \frac{KT}{e} \ln \frac{n_A}{n_B} + \frac{KT_0}{e} \ln \frac{n_B}{n_A}$$
$$= \frac{KT}{e} \ln \frac{n_A}{n_B} - \frac{KT_0}{e} \ln \frac{n_A}{n_B}$$
$$= e_{AB}(T) - e_{AB}(T_0) = E_{AB}(T, T_0)$$

整理可得

$$E_{ABC}(T, T_0) = E_{AB}(T, T_0) \tag{3-9}$$

（3）中间温度定律。如图 3-9 所示，热电偶 AB，在接点温度为 T、T_0 时的热电势，等于热电偶 AB 在接点温度为 T、T_n 与热电偶 AB 在 T_n、T_0 时所产生的热电势的代数和。即

$$E_{AB}(T, T_0) = E_{AB}(T, T_n) + E_{AB}(T_n, T_0)$$
$$\tag{3-10}$$

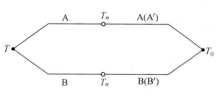

图 3-9　中间温度定律图

式（3-10）称为中间温度定律，T_n 称为中间温度，$E_{AB}(T, T_0)$ 为热电偶热端温度为 T，冷端温度为 T_0 时的热电势值。

若 $T_0 = 0℃$，则有

$$E_{AB}(T, 0) = E_{AB}(T, T_n) + E_{AB}(T_n, 0) \tag{3-11}$$

其中 $E_{AB}(T, 0)$、$E_{AB}(T_n, 0)$ 分别为该热电偶保持参考端为 0℃，工作端分别为 T 和 T_n 时的热电势值，可从热电偶分度表查出。

中间温度定律是工业上运用补偿导线进行温度测量的理论基础，为制定热电势分度表奠

定了理论基础。根据该定律，可以在冷端温度为任一恒定温度时，利用热电偶分度表，可求出工作端的被测温度。

例 3-1 用镍铬—镍硅热电偶测炉温时，其冷端温度为 30℃，在直流电位计上测得的热电势为 30.839mV，求炉温。

解：从镍铬-镍硅热电偶分度表查得 $E_{AB}(30℃,0℃)=1.203\text{mV}$，则

$$E_{AB}(T,0℃)=E(T,30℃)+E_{AB}(30℃,0℃)$$
$$=30.839+1.203=32.042(\text{mV})$$

再查分度表可得对应 $T=770℃$。

例 3-2 用分度号为 S 的铂铑$_{10}$—铂热电偶测炉温，其冷端温度为 30℃，而直流电位差计测得的热电势为 9.481mV，试求被测温度。

解：查铂铑$_{10}$—铂热电偶分度表，得 $E(30,0)=0.173\text{mV}$，由中间温度定律得

$$E(t,0)=E(t,30)+E(30,0)$$
$$=9.481+0.173$$
$$=9.654\text{mV}$$

再查分度表，得被测温度 $t=1006.5℃$。若不进行校正，则所测 9.481mV 对应的温度为 991℃，与真实温度的误差为 $-15.5℃$。

4. **热电偶冷端温度补偿**

热电偶的分度表及配套的显示仪表都要求冷端温度恒定为 0℃，否则将产生测量误差。然而在实际应用中，由于热电偶的冷、热端距离通常很近，冷端受热端及环境温度波动的影响，温度很难保持稳定。因此，在工作实际中必须进行冷端温度补偿。常用的冷端补偿方法有以下几种。

（1）补偿导线法。在实际测温时，需要把热电偶输出的电势信号传输到远离现场数 10m 远的控制室里的显示仪表或控制仪表，这样冷端温度比较固定。而一般热电偶较短，一般为 350~2000mm，需要用导线将热电偶的冷端延伸出来。

补偿导线在 100℃ 以下的温度范围内，具有与热电偶相同的热电特性，根据中间温度定律，只要热电偶和补偿导线的两个接触点温度一致，就不会影响热电势的输出。热电偶补偿导线有两方面的功能：一是实现冷端迁移；二是降低电路成本。当热电偶与测量仪表距离较远时，使用补偿导线可以节约热电偶材料，尤其是对贵重金属热电偶来说，经济效益更明显。

补偿导线有两类：一类是采用与热电偶丝相同材料；另一类采用与热电偶具有相同的热电特性的合金材料。补偿导线型号如表 3-3 所示。

表 3-3　　　　　　　　　补 偿 导 线 型 号

型号	配用热电偶 正—负	导线外皮颜色 正—负
RC	R（铂铑$_{13}$—铂）	红—绿
SC	S（铂铑$_{10}$—铂）	红—绿
KC	K（镍铬—镍硅）	红—蓝
NC	N（镍铬硅—镍硅）	红—黄
TX	T（铜—铜镍）	红—白

使用补偿导线时必须注意：

1）不同型号的热电偶必须选用相应的补偿导线。

2）补偿导线和热电偶连接处两接点的温度必须相等，而且不可超过规定温度范围（一般为 0~100℃）。

3）采用冷端延长线只是移动了冷接点的位置，当该处温度不为 0℃ 时，仍须进行冷端温度补偿。

（2）计算修正法。在热电偶温度测量中若冷端温度不是 0℃ 而是某一恒定温度 T_n，即当热电偶工作在温差（T，T_n）时，其输出电势为 $E(T，T_n)$，根据中间温度定律，将电势换算到冷端温度为 0℃ 时的热电势为

$$E(T,0) = E(T,T_n) + E(T_n,0) \tag{3-12}$$

由式（3-12）可知，在冷端温度为不变的 T_n 时，要修正到冷端温度为 0℃ 的电势，应再加上一个修正电势，即 $E(T_n，0)$。

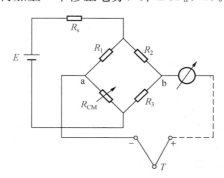

图 3-10　热电偶冷端温度补偿电桥

（3）电桥补偿法。热电偶在实际测温中，冷端温度一般暴露在空气中，随环境温度的变化而变化，不可能恒定或保持 0℃ 不变。因此，要准确测出实际温度，必须采取补偿措施，来消除冷端温度变化所带来的影响。

电桥补偿法是利用不平衡电桥产生的电势，来补偿热电偶因冷端温度变化而引起的总电势的变化，是一种能随冷端温度变化而自动补偿的方法。电桥补偿装置称为冷端温度补偿器，如图 3-10 所示。

将热电偶冷端与电桥置于相同环境温度中，电桥的输出端串接在热电偶回路中。桥臂电阻 R_1，R_2，R_3 和限流电阻 R_S 均用锰铜丝绕制，其阻值几乎不随温度变化（温度系数很小），其中 $R_1 = R_2 = R_3 = 1\Omega$，另一桥臂电阻 R_{CM} 由电阻温度系数较大的镍丝绕制的补偿电阻，其阻值随温度升高而增大，电桥由直流稳压电源供电。

在某一温度下，如 T_0，设计电桥处于平衡状态，电桥输出为 0，该温度称为电桥平衡点温度或补偿温度。

当环境温度变化时，冷端温度随之变化，热电偶的电势随之变化（ΔE_1），同时 R_{CM} 的阻值也随环境温度变化，使电桥失去平衡，产生一不平衡电压（ΔE_2），由于环境温度变化带来电势总的变化量为 $\Delta E = \Delta E_1 + \Delta E_2$，如果设计 ΔE_2 与 ΔE_1 的数值相等且极性相反，则热电偶的输出 E 的大小将不随冷端温度变化而变化，可认为冷端 T_0 的变化产生的对热电势的影响，已被补偿电桥补偿。目前冷端补偿电桥已有成品出售。

（4）0℃ 恒温法。冷端置于冰水混合物槽中或 0℃ 恒温箱中，以获取 0℃ 的参考温度。冷端置于冰水混合物槽中的方式又称为冰浴法，方法如图 3-11 所示，适用于实验室中的精确测量和检定热电偶时使用；冷端置于恒温箱的方式适用于工业生产中。

（5）集成温度传感器补偿法。传统的电桥补偿电路体积大，使用也不够方便，需要调整电路的元件值，采用模拟式集成温度传感器或热电偶冷端温度补偿专用芯片来进行补偿，具有速度快、外围电路简单、不需调整成本低等优点。

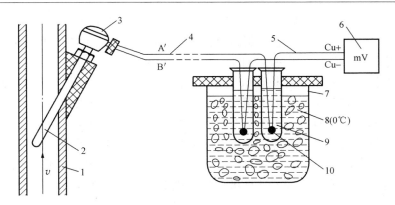

图 3-11 冰浴法示意图

1—被测流体管道；2—热电偶；3—接线盒；4—补偿导线；5—铜质导线；
6—毫伏表；7—冰瓶；8—冰水混合物；9—试管；10—新的冷端

1) AD592 型温度传感器的性能特点。AD592 是美国模拟器件公司（ADI）推出的一种电流式模拟集成温度传感器，具有外围电路简单，输出阻抗高，互换性很强，长期稳定性好等特点，其主要性能如下：测量范围为 $-25 \sim +105 \, ℃$；测量精度，最高可达 $\pm 0.3 \, ℃$；灵敏度为 $1 \mu A/℃$；工作电压范围：$+4 \sim +30V$。

2) AD592 构成的热电偶冷端温度补偿电路。图 3-12 所示为 AD592 构成的热电偶冷端温度补偿电路，AD592 测量冷端温度，在补偿温度范围内，产生的电压与 K 型热电偶温度系数产生的热电势相当。只要对 AD592 提供 $+4 \sim +30V$ 的工作电压，就可获得与绝对温度成比例的输出电压。K 型热电偶在常温时的输出特性如图 3-13 所示，以 25 ℃ 为中心，温度系数为 $40.44 \mu V/℃$。在常温 $\pm 10 \sim \pm 20 \, ℃$ 范围可看作线性关系。因此，要对 K 型热电偶进行冷端温度补偿，可采用另外一个温度传感器，测量冷端的温度。此传感器产生 0 ℃ 的电压与 K 型热电偶温度系数产生的热电势相当，利用相反极性进行补偿。

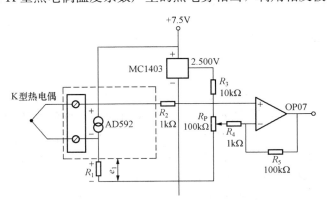

图 3-12 AD592 构成的热电
偶冷端温度补偿电路

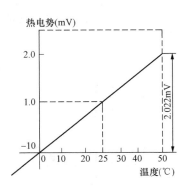

图 3-13 K 型热电偶在常温时
的输出特性图

如图 3-12 所示，基准电阻 R_1 把 AD592 的输出电流转换成电压 e_1，其极性为上端正，下端负，AD592 在 0 ℃ 时输出电流为 $273.2 \mu A$，因此环境温度为 T 时，用 R_P 调节 R_1 上的电压，使

$$e_1 = -(1\mu A/K)R_1T = -(1\mu A/℃)R_1t \tag{3-13}$$

如果取 $R_1 = 40.44\Omega$，可实现冷端温度的完全补偿，使总热电势不再随环境温度而变化。R_4 和 R_5，是用来调节输出电压灵敏度的。

（6）软件补偿法。利用单片机或计算机系统的软件进行补偿，能节省硬件资源，且灵活、抗干扰性强。例如对于冷端温度恒定，但不为零的情况，可采用查表法，即首先将各种热电偶分度表存储到计算机中，以备随时调用。根据中间温度定律，测温时，把计算机采样后的数据与计算机存储分度表中冷端温度对应的数据相加，相加后的数据与分度表的热电势进行比较，得出实际的温度值。对于 T_0 经常波动的情况，可同时用测温传感器测 T_0 端温度、T 端温度对应的热电势并输入计算机，计算机根据中间温度定律，采用查表法，来进行计算并自动修正。

5. 热电偶的实用测温电路

热电偶产生的热电势是毫伏级的，可通过电测仪表来测量热电势并显示温度。常用的测量电路一般由热电偶、补偿导线，热电势检测仪组成。

（1）测量某一点的温度。如图 3-14 所示，A、B 为热电偶，C、D 为冷端补偿导线（或冷端延长线），冷端补偿导线一直延伸到测温仪的接线端子，此时冷端温度为仪表接线端子所处的环境温度。

（2）测量两点间温度差。如图 3-15 为测量两点之间温度差的测量电路，图中两个热电偶型号相同，配以相同的补偿导线，两热电偶反相串接，产生的热电势互相抵消，此时回路总电势等于两热电偶电势之差，仪表 G 可测 t_1 和 t_2 之间的温度差。

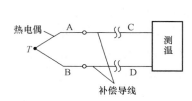

图 3-14　热电偶测温电路

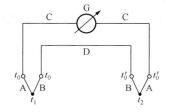

图 3-15　测量两点之间温度
差的测量电路

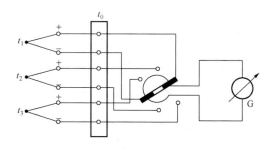

图 3-16　测量多点温度的测量电路

（3）测量多点温度。如图 3-16 为测量多点温度的测量电路，采用的是多点温度巡回检测电路，每个测温点用一支热电偶，每个热电偶的型号相同，共用一台显示仪表，通过专用的切换开关切换，轮流来进行多点温度检测，显示各测点的被测值。这种电路显示仪表和补偿热电偶只用一个就够了，大大地降低了成本，简化了电路。

1）串联。有时为了提高灵敏度，可采用若干个同型号的热电偶，在冷端和热端保持温度为 t_0 和 t 的情况下串联使用，总的热电势等于各个热电偶热电势之和。串联线路因灵敏度提高，所示相对误差减小，但由于元件增多，若其中一个热电偶断路，则整个线路不能工作。

2）并联。如果被测介质面积大，可将若干个同型号的热电偶并联使用，该线路可测出各点温度的平均值。其缺点是其中某一个热电偶断路时，不能及时发现。

（4）热电偶温度测量电路。原理如图 3-17 所示，热电偶产生的毫伏信号经放大电路后由 VT 端输出。它可作为 A/D 转换接口芯片的模拟量输入。

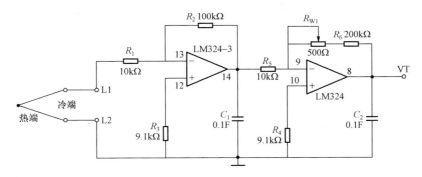

图 3-17　热电偶温度测量电路

第 1 级反相放大电路，根据运算放大器增益公式

$$U_{o1} = -R_2 \times \frac{U_{L1}}{R_1} = -10 \times U_{L1} \tag{3-14}$$

可得第一级反相放大电路增益为 10。

第 2 级反相放大电路，根据运算放大器增益公式

$$U_{VT} = U_o = -(R_{W1} + R_6) \times \frac{U_{o1}}{R_5} = -\frac{200 + R_{W1}}{10} \times U_{o1} \tag{3-15}$$

可得第二级反相放大电路增益为 20。

总增益为 200，由于选用的热电偶测温范围为 0～200℃变化，热电动势 0～10mV 对应放大电路的输出电压为 0～2V。

（5）热电偶用于电加热炉温度控制。AD594～AD597 为热电偶信号放大和参考点线性补偿单片集成电路，AD594、AD596 选配 J 型热电偶 AD595、AD597 选配 K 型热电偶，LM336-5.0 为+5V 精密并联稳压二极管，AD584 为+5V 稳压集成电路，两者可以互相代替。ICL7136 是手持式数字表使用最多的一种 LCD 显示器驱动芯片。热电偶测温数显电加热炉温度控制器如图 3-18 所示。图中，AD597 配 K 型热电偶，7 管脚接电源（+5～+30V）；6 管脚输出电压 $U_o = U_K \times 245.46\text{mV}$，其中 U_K 为热电偶输出电压，有 8 管脚输入；2 管脚 HYS 调节 AD597 输入输出回差电压。输出电压分为两路，一路输入 ICL7136 驱动 $3\frac{1}{2}$ 位 LCD 显示器显示温度值，另一路送入运算放大器 OP07 的反相输入端，与正相输入端的参考电压进行比较，如果低于参考电压，则输出高电平，固态继电器 VS 导通，电加热炉继续通电加热；若高于参考电压，则输出低电平，固态继电器 VS 断开，电加热炉断电停止加热。

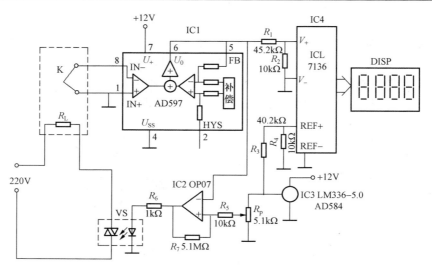

图 3-18　热电偶测温数显电加热炉温度控制器

3.2.4　热电阻

1. 工作原理和材料

大多数金属导体的电阻都具有随温度变化的特性。其特性方程式为

$$R_t = R_0[1 + \alpha(t - t_0)] \tag{3-16}$$

式中　R_t、R_0——热电阻在 t℃、0℃时的电阻值；

　　　　α——热电阻的电阻温度系数 1/℃；

　　　　t——被测温度。

对于绝大多数金属导体，α 并不是一个常数，而是温度的函数。但在一定的温度范围内，α 可近似地看作一个常数。不同的金属导体，α 保持常数所对应的温度范围不同。选作感温元件的材料应满足以下要求。

（1）材料的电阻温度系数 α 要大，α 越大，热电阻的灵敏度越高。

（2）在测温范围内，材料的物理、化学性质应稳定。

（3）在测温范围内，α 保持常数，便于实现测温的线性特性。

（4）具有比较大的电阻率，以利于减少热电阻的体积，减小热惯性。

（5）特性复线性好，容易复制。

比较适合上述要求的材料有铂、铜、铁、镍。

2. 铂电阻

铂的物理、化学性能非常稳定，是目前制造热电阻的最好材料。铂电阻主要作为标准电阻温度计，广泛地应用于温度的基准。ITS-90 国际实用温标规定在 $-200 \sim 850$℃范围内，以铂电阻温度计作为标准仪器，铂电阻温度计的长时间稳定性好，是目前测温重复性最好的一种温度计，其构造如图 3-19 所示，铂电阻一般由直径为 $0.05 \sim 0.07\text{mm}$ 的铂丝绕在片形云母骨架上，并使其长度调节为 0℃时阻值是某一固定值，如 100Ω。铂丝的引线采用银线。

目前，我国工业用标准铂电阻，由 $R_0 = 10\Omega$ 和 $R_0 = 100\Omega$ 两种，分度号分别为 Pt10 和 Pt100。Pt100 为工业常用标准铂电阻，表示该种铂热电偶在 0℃ 时，其电阻值为 100Ω，Pt10 同理。Pt100 热电阻分度值见附录 A。在实际测量中，只要测得铂电阻的阻值，便可从分度表中查出对应的温度值。

3. 铜热电阻

铂电阻虽然优点多，但价格昂贵，因此，在一些测量精度要求不高且温度较低的场合，普遍采用铜热电阻。铜热电阻可用于$-50\sim +150℃$范围内的工业用电阻温度计，在此温度范围内铜热电阻的电阻值与温度线性关系好，灵敏度比铂电阻高，容易得到高纯度材料，重复性能好。但铜易于氧化，一般只用于$150℃$以下的低温测量和没有水分，以及无侵蚀性介质的温度测量。

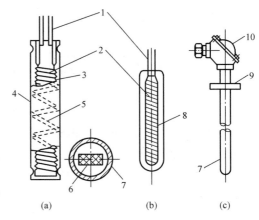

图 3-19　铂电阻的构造

(a) 剖面图；(b) 结构图；(c) 装配图

1—银引线；2—铂丝；3—锯齿云母骨架；
4—保护用云母片；5—银绑带；6—铂电阻横断面；
7—保护套管；8—石英骨架；9—连接法兰；10—接线盒

目前工业上使用的标准化铜热电阻有分度号主要有 Cu50、和 Cu100 两种，Cu50 表示该种铜热电偶在 0℃ 时，其电阻值为 50 欧姆。Cu100 同理。Cu50 热电阻分度值见附录 B。

铁和镍的电阻温度系数较高，电阻率较大，故可做成体积小、灵敏度高的电阻温度计。其特点是容易氧化、化学稳定性差，不易提纯，复制性差，而且电阻值与温度的线性关系差，目前应用不多。

4. 测量电路

工业用热电阻安装在生产现场，离控制室比较远，因此，热电阻的引线对测量结果有较大影响。金属电阻与仪表或放大器接线有三种方式：两线制、三线制和四线制。但是由于金属电阻本身的阻值很小，因此导线电阻值及其变化就不能忽略，测量电路常采用三线和四线连接法。

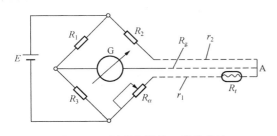

图 3-20　测温电桥的三线连接法

(1) 三线制（适于工业测量，一般精度）。如图 3-20 所示为三线连接法的原理图。G 为检流计，R_1，R_2，R_3 为固定电阻，R_a 为零位调节电阻。热电阻 R_t 通过电阻为 r_1，r_2，R_g 的三根导线和电桥连接。R_g 与电流表相连，指示仪表 G 具有很大的内阻，故流过 R_g 的电流近似为 0，对电桥的平衡没有影响；r_1，r_2 分别接在相邻的两臂内，当温度变化时，只要 r_1、r_2 的长度和电阻的温度系数 α 相等，其电阻变化就不会影响电桥的状态。一般引入的导线其引线电阻的大小一致，即 $r_1 = r_2$。

当电桥平衡时，有

$$R_1(R_a + r_1 + R_t) = R_3(R_2 + r_2) \tag{3-17}$$

如果 $R_3 = R_1$，说明此种接法导线电阻 r 对热电阻的测量毫无影响。特别注意的是以上结论只在 $R_3 = R_1$，且只有在平衡状态下才成立。为了消除从热电阻感温体到接线端子间的导线对测量结果的影响，一般要求从热电阻感温体的根部引出导线，且要求引出线一致，以保证它们的阻值相等。

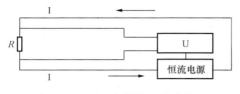

图 3-21　测温电桥的四线连接法

（2）四线制（适于实验室测量，高精度）。图 3-21 所示为四线连接法。图中接入了恒流源，测量仪表一般用电位差计，热电阻引出的四根线，两根接在电流回路上，则该导线上引起的电压降，不在测量范围内；另外两根接在电压回路上，这些导线上虽有电阻但无电流（电位差计测量时不取电流，认为内阻无穷大），所以四根导线的电阻对测量都没有影响。

3.2.5　热敏电阻

热敏电阻是由一些金属氧化物，如锰、钴、镍、铁、铜等的氧化物，按照不同比例配方，经高温烧结而成的半导体，同时利用半导体的电阻值随温度变化这一特性工作的。

1. 热敏电阻的结构与特性

与金属热电阻相比，热敏电阻的特点有：电阻温度系数大、灵敏度高，比一般金属电阻大 10～100 倍；结构简单、体积小，可以测量点温度；电阻率高、热惯性小，适宜动态测量；阻值与温度变化呈非线性关系；稳定性和互换性较差。热敏电阻的外形、结构及符号如图 3-22 所示。

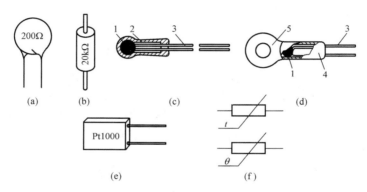

图 3-22　热敏电阻的外形、结构及符号图

（a）圆片型热敏电阻；（b）柱型热敏电阻；（c）珠型热敏电阻；（d）铠装型；（e）厚膜型；（f）图形符号

1—热敏电阻；2—玻璃外壳；3—引出线；4—紫铜外壳；5—传热安装孔

按照半导体电阻随温度变化的特性，分为正温度系数热敏电阻（positive temperature coefficient，PTC）、负温度系数热敏电阻（negative temperature coefficient，NTC）和临界温度系数热敏电阻（critical temperature resistors，CTR）。PTC、NTC 及 CTR 的温度特性曲线如图 3-23 所示。

由图 3-23 可知，在工作温度范围内，PTC 具有电阻值随温度升高而升高的特性；NTC 具有电阻值随温度升高而显著减小的特性；CTR 具有在某一特定温度下，电阻值发生突变的特性。

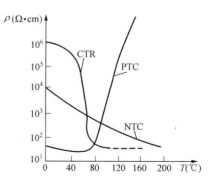

图 3-23　热敏电阻的温度特性

（1）负温度系数热敏电阻 NTC。NTC 热敏电阻材料多为 Fe，Ni，Co，Mn 等过渡金属

氧化物。特别适用于-100~300℃之间测温。在点温、表面温度、温差、温场等测量中得到广泛的应用，同时也广泛地应用在自动控制及电子线路的热补偿线路中。

（2）正温度系数热敏电阻 PTC。PTC 热敏电阻主要采用 $BaTiO_3$ 系列的陶瓷材料，掺入微量稀土元素使之半导体化制成的。具有当温度超过某一数值时，其电阻值快速增加的特性。其主要应用于各种电器设备的过热保护，发热源的定温控制，也可作为限流元件使用。

（3）临界温度电阻 CTR。CTR 热敏电阻采用以 VO_2 为代表的半导瓷材料，在某一温度附近上电阻值发生突变，在温度仅几度的狭窄范围内，其阻值下降 3~4 个数量级。发生电阻值突变的温度称为临界温度点。CTR 热敏电阻主要用于做温度开关，报警器等。

2. 热敏电阻应用

PTC、CTR 主要用于检测元件、电路保护元件。例如用作温度补偿元件、限流开关、温度报警及定温加热器等。目前热敏电阻被广泛于军事、通信、航空、航天、医疗、自动化设施的温度计、控温仪等装置。

（1）温度补偿。利用 NTC 热敏电阻可对晶体管电路和其他电子线路及电子器件进行温度补偿。如图 3-24 所示，热敏电阻 R_t 接入晶体管电路中，当环境温度变化时，维持输出电压 U_{sc} 不变。当环境温度升高时，根据三极管的特性，集电极电流 I_c 上升，等效于三极管等效电阻下降。从图中可以看出，U_{sc} 增大，若要使 U_{sc} 维持不变，需提高基极 b 点电位，因此选择 NTC 热敏电阻。

（2）过热保护。在小电流场合，可把 NTC 热敏电阻直接与负载串接，防止过热损坏被保护器件。如图 3-25 所示，用热敏电阻对电动机运行过热保护。电动机正常运行时温度较低，三极管 BG 截止，继电器 J 不动作。当电动机过负荷工作时，电动机的温度迅速升高，热敏电阻 R_T 阻值迅速减小，小到一定值后，三极管 BG 导通，继电器 J 吸合，实现对电动机的保护。

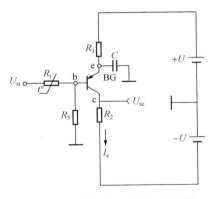

图 3-24　晶体管中温度补偿电路

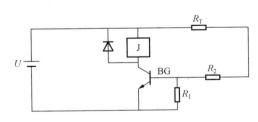

图 3-25　电机过热保护

（3）延迟开关。图 3-26 所示为时间延迟电路。接通电源，经过一定时间后，当热敏电阻的温度上升足够高，R_t 的阻值发生跃变，继电器 J 断开。NTC 热敏电阻可以通过与二极管、开关的串联对浪涌电流进行限制。

（4）温度上下限报警。如图 3-27 所示，R_t 为 NTC 热敏电阻，采用运算放大器构成迟滞电压比较器，当温度 T 等于设定值时，$U_{ab}=0$，VT1、VT2 都截止。

1）当 T 升高时，R_t 减小。$U_a > U_b$，U_c 为负电压，VT2 导通，LED2 发光报警；

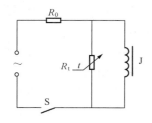

图 3-26　延迟电路

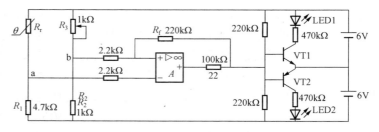

图 3-27　温度上下限报警电路

2）当 T 下降时，R_t 增加。$U_a < U_b$，U_c 为正电压，VT1 导通，LED1 发光报警。

3.2.6　集成温度传感器

集成温度传感器就是利用 PN 结的伏安特性与温度之间的关系研制成的一种固态传感器。是把作为感温器件的温敏晶体管及外围电路集成在同一单片上的集成化温度传感器。

集成温度传感器的典型工作温度范围是 $-50 \sim +150℃$。目前大量生产和应用的集成温度传感器按输出量不同可分为电压型和电流型两大类，此外还开发出频率输出型器件。电压输出型的优点是直接输出电压，且输出阻抗低。电流输出型输出阻抗极高，可以实现远距离测温，且不必考虑反馈线上信号的损失。也可用于多点温度测量系统中，而不必考虑导线、开关接触电阻带来的误差。频率输出型具有与电流输出型相似的优点。

1．AD590 型温度传感器及应用

AD590 型温度传感器具有灵敏度高、体积小、反应快、测量精度高、稳定性好、校准方便、价格低廉、使用简单等优点。AD590 为电流型集成温度传感器，电流输出可通过一个外加电阻变为电压输出，其工作电压范围宽，在 $5 \sim 30V$ 范围内都能正常工作，输出电流与温度成正比，线性度极好，测量温度适用范围为 $-55 \sim 150℃$，灵敏度为 $1\mu A/K$。AD590 是一种两端器件，具有使用方便、抗干扰能力强、准确度高、动态电阻大、响应速度快等特点，广泛用于高精度温度计和温度计量等方面。AD590 的外形与引脚如图 3-28 所示，引脚共有三个，一般只用两个引脚（即 ＋ 和 －），第三个脚 NC 可以不用，是接外壳做屏蔽用的。AD590 等效于一个高阻抗的恒流源，其输出阻抗大于 $10M\Omega$，能大大减小因电源电压波动而产生的测温误差。AD590 的电流-温度特性曲线如图 3-29 所示。

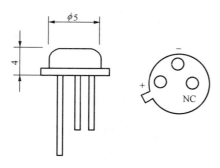

图 3-28　AD590 的外形与引脚

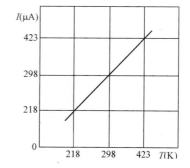

图 3-29　AD590 电流-温度特性曲线

（1）AD590 基本测量电路。如图 3-30 所示为 AD590 基本测量电路，其中在图 3-30（b）中的固定电阻和电位器 RP 电阻之和为 $1k\Omega$ 时，输出电压 U_o 随温度的变化为 $1mV/K$。但由于 AD590 的增益有偏差，电阻也有误差，因此应对电路进行调整。调整的方法为：先把 AD590 放于冰水混合物中，调整电位器 RP，使 $U_o=273.2\text{mV}$；再在室温下（25℃）条件下调整电位器，使 $U_o=273.2+25=298.2(\text{mV})$。但这样调整可保证在 0℃ 或 25℃ 有较高精度。

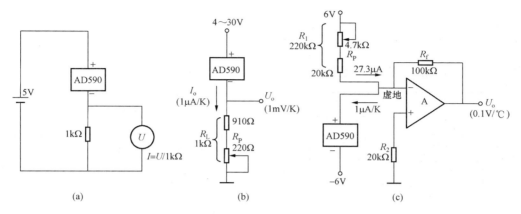

图 3 - 30　AD590 基本测量电路

（a）基本测量电路；（b）输出电压与热力学温度成正比；（c）输出电压与摄氏温度成正比

（2）典型单点温度测量电路。图 3 - 31 所示为以 AD590 为核心组成的典型单点温度测量电路。

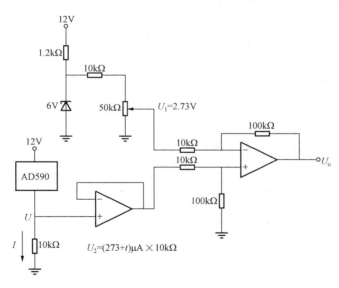

图 3 - 31　以 AD590 为核心的典型单点温度测量电路

AD590 的输出电流 $I=(273+t)\mu\text{A}$（t 为摄氏温度），测量的电压 U 为 $U=(273+t)\mu\text{A}\times10\text{k}\Omega=(2.73+t/100)\text{V}$。该电路使用齐纳二极管作为稳压器件，利用可变电阻分压，其输出电压 U_1 需调整至 2.73V。差动放大器输出电压 U_o 情况：如果温度为 25℃，输出电压为 2.5V，输出电压接 A/D 转换器，则 A/D 转换输出的数字量就和摄氏温度呈线形比例关系。

2. LM26 集成温度传感器及应用

LM26 是美国国家半导体公司生产的电压输出型微型模拟温度传感器，输出可驱动开关管，带动继电器和电风扇等负载。LM26 为 5 脚 SOT-23 封装，工作电压为 2.7～5.5V，测量温度范围为 -55～+110℃。4 脚接电源正极，2 脚接地，3 脚为温度传感输出，输出电压与温度的关系为

$$U_o = [-3.479 \times 10^{-6} \times (t-30)^2] + [-1.082 \times 10^{-2} \times (t-30)] + 1.8015V$$

$$(3 - 18)$$

式中 t——测量温度，在 25℃ 是输出电压为 1855mV，温度升高，输出电压降低。

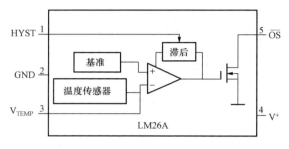

图 3-32 LM26A 内部电路结构

按芯片内部的控制温度基准电平设定（例如 85℃），5 脚输出高、低（1、0）电平信号，可直接驱动负载。LM26 有 A、B、C、D 共 4 种序号，A、C 为高于控制温度关断 5 脚输出信号（输出低电平）；B、D 为低于控制温度关断 5 脚输出信号（输出低电平）。LM26A 内部电路结构如图 3-32 所示。

图 3-33 所示为 LM26A 自动控制风扇电路。可用于计算机、笔记本电脑、音响设备功率放大器、工厂采暖通风系统等。当高于设定的控制温度时，LM26A 中的温度传感器输出电压低于基准电压，运算放大器输出高电平，耗尽型 N 沟道 MOS 场效应管导通，5 脚输出低电平信号时，增强型 P 沟道 MOS 场效应管 NDS356P 导通，风扇通电运转，进行降温。LM26 具有温度滞后特性（1 脚接地滞后 10℃，接 V+ 滞后 5℃），不会在阈值温度上下造成风扇反复开和关。

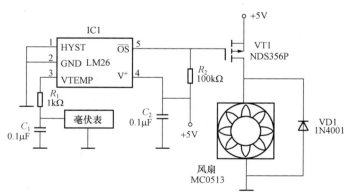

图 3-33 LM26A 自动控制风扇电路

3. DS18B20 集成温度传感器

DS18B20 是美国 DALLAS 半导体公司推出的数字式温度传感器，是 DS1820 的更新产品。它能够直接读出被测温度，可通过简单的编程实现 9～12 位的数字值读数方式，并且从 DS18B20 读出的信息或写入 DS18B20 的信息仅需要一根口线（单线接口）读写。温度变换功率来源于数据总线，总线本身也可以向所挂接的 DS18B20 供电，而无需额外电源。因而使用 DS18B20 可使系统结构更趋简单、灵活、可靠性更高。广泛用于军用、民用、工业等

领域的温度测量及过程的控制。

(1) 单线接口，只有一根信号线与 CPU 连接，可实现微处理器与 DS18B20 的双向串行通讯，无需任何外部元件。

(2) 不需要备份电源、可用数据线供电，电压范围为+3.0～+5.5V。

(3) 测温范围从－55～+125℃，最大误差不超过±2℃；在－10～85℃温度范围，精度为±0.5℃。

(4) 通过编程可实现 9～12 位的数字读数方式，在 93.75ms 和 750ms 内将温度值转化 9位和 12 位的数字量。

(5) 用户可自行定义、设定报警上下限值，存在非易失存储器中。

(6) 支持多点组网功能，多个 DS18B20 可以并联使用，实现多点测温。

(7) 具有电源反接保护电路，当电源极性接反时，能保护芯片不会因发热而烧毁，但此时芯片不能正常工作。

4. 常用集成温度传感器的性能指标

表 3-4 列出了几种常用的集成温度传感器的性能。

表 3-4   几种常用的集成温度传感器的性能

型号	输出形式	使用温度（℃）	温度系数（℃）	引脚
AN6701S	电压型	－40～125	10mV	4
UPC616A、SC616A	电压型	－10～80	105～113mV	8
UPC616C、SL616C	电压型	－25～85	10mV	8
LX5600	电压型	－55～85	10mV	4
LX5700	电压型	－55～85	10mV	4
LM3911	电压型	－25～85	10mV	4、8
LM134、LS134M	电流型	－55～125	1μA	3
LM334	电流型	0～70	1μA	3
AD590、LS590	电流型	－55～155	1μA	3

3.2.7 冰箱、冰柜专用温度传感器

冰箱、冰柜专用温度传感器型号有 KC 系列。常用的产品型号有塑料壳封装的 KC222J337FP 和环氧树脂封装的 KC103J395FE，其工作温度范围都在－40～90℃。

冰箱、冰柜热敏电阻式温控电路如图 3-34 所示。当冰箱接通电源时，有 R_4 和 R_5 经分压后给 A1 的同相端输出一固定基准电压，有温度调节电路 RP_1 输出一设定温度电压给 A2的反相输入端，这样就由 A1 组成开机检测电路，由 A2 组成关机检测电路。当冰箱内的温度高于设定温度时，由于 RT 和 R_3 的分压大于 A1 的同相输入端和 A2 的反相输入端电压，A1 输出低电平，而 A2 输出高电平。由 IC_2 组成的 RS 触发器的输出端输出高电平，使 VT导通，继电器工作，其常开触点闭合，接通压缩机电动机电路，压缩机开始制冷。

在压缩机工作一段时间后，冰箱内的温度下降，当到达设定温度时，温度传感器阻值增大，使 A1 的反相输入端和 A2 的同相输入端电位下降，A1 输出端变为高电平，而 A2 输出端变为低电平，RS 触发器的工作状态翻转，其输出为低电平，从而使 VT 截止，继电器 K停止工作，其触点被释放，压缩机停止工作。周而复始地工作，达到控制电冰箱内温度的

目的。

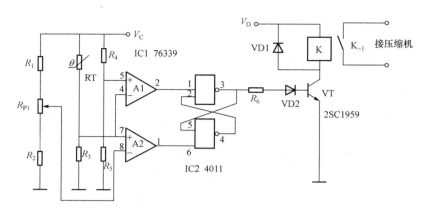

图 3-34　冰箱热敏电阻式温控电路

3.3　温度测量项目实践操作

3.3.1　工作计划

理解热电偶的测温原理，通过项目训练掌握热电偶的测温过程，由热电偶的分度号会查热电偶的分度表。具体工作计划如表 3-5 所示。

表 3-5　　　　　　　　　　　　热电偶测温工作计划表

序号	内容	负责人	时间	工作要求	完成情况
1	研讨任务	全体组员		分析项目的控制要求	
2	制订计划	小组长		制定完整的工作计划	
3	讨论项目的原理	全体组员		理解热电偶测量温度的工作原理及测温系统接线方法	
4	具体操作	全体组员		根据要求进行连线并记录数据	
5	效果检查	小组长		检查数据的正确性，分析结果	
6	评估	老师		根据小组完成情况进行评价	

3.3.2　方案分析

通过 K 型热电偶测量温度，利用实训台完成温度的检测。

3.3.3　操作分析

热电偶测温性能实验内容及步骤。

（1）将热电偶插到温度源两个传感器插孔中任意一个插孔中（K 型、E 型已装在一个护套内），K 型热电偶的自由端接到主控箱面板上温控部分的 EK 端，用它作为标准传感器，K 型、E 型及正极、负极不要接错。

（2）将 E 型热电偶的自由端接入温度传感器实训模板上标有热电偶符号的 a、b 孔上，作为被测传感器用于实训，按图 3-35 接线。

（3）将 R_5、R_6 端接地，R_{W2} 大约置中，打开主控箱电源开关，将 V_{02} 端与主控箱上数显

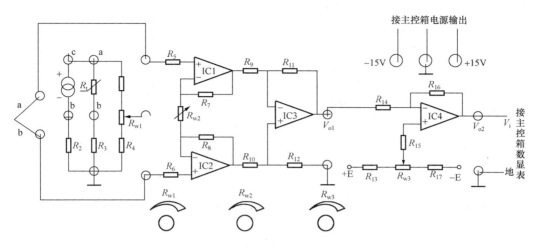

图 3-35　热电偶测温实训接线图

电压表 Vi 端相接，调节 R_{w3} 使数显表显示零（电压表置 200mV 档），打开主控箱上温控仪开关，设定仪表控制温度值 $T=50℃$，将温度源的两芯电源线插入主控箱温控部分的 220V 输出插座中。

（4）去掉 R_5、R_6 接地线，将 a、b 端与放大器 R_5、R_6 相接，观察温控仪指示的温度值，当温度稳定在 50℃时，记录下电压表读数值。

（5）重新设定温度值为 $50℃+n \cdot \Delta t$，建议 $\Delta t=5℃$，$n=1$、…、10，每隔 n 读出数显电压表指示值与温控仪指示的温度值，并填入表 3-6 中。

表 3-6　　　　　　　　　　　　　温度与电压的对应关系

温度（℃）										
电压（mV）										

（6）计算出加热源的温度，并与温控仪的显示值进行比较，试分析误差来源。

3.4　温度测量项目的评价

3.4.1　检测方法
检查接线是否正确，说明测量原理。

3.4.2　评估策略
评估内容见表 3-7，小组互评和指导教师评议，填写在评估表中。

表 3-7　　　　　　　　　　　　　热电偶测温评估表

班级		组号		姓名		学号		成绩	
评估项目		扣分标准						小计	
1. 信息收集能力（10 分）		能根据任务要求收集温度传感器的相关资料不扣分							
		不主动收集资料扣 4 分							
		不收集资料的不得分							

续表

班级		组号		姓名		学号		成绩	
评估项目		扣分标准						小计	

评估项目	扣分标准	小计
2. 项目的原理（15 分）	叙述热电偶测量温度的工作原理准确的不扣分	
	叙述条理不清楚、不准确的每错一处扣 2 分	
3. 具体操作（20 分）	接线正确、数据记录完整的不扣分	
	接线正确、数据记录不完整的扣 5 分	
	接线不正确扣 10 分	
4. 数据处理（10 分）	数据记录正确、分析正确的不扣分	
	数据记录正确、分析不完整的扣 4 分	
	数据记录不正确的扣 7 分	
5. 汇报表达能力（10 分）	表达完整，条理清楚不扣分	
	表达不够完整，条理清楚扣 4 分	
	表达不完整，条理不清楚扣 8 分	
6. 考勤（10 分）	出全勤、不迟到、不早退不扣分，	
	不能按时上课每迟到或早退一次扣 3 分	
7. 学习态度（5 分）	学习认真，及时预习复习不扣分	
	学习不认真不能按要求完成任务扣 3 分	
8. 安全意识（6 分）	安全、规范操作	
9. 团结协作意识（4 分）	能团结同学互相交流、分工协作完成任务	
10. 实训报告（10 分）	按时、完整、正确地完成实训报告不扣分	
	按时完成实训报告，不完整、正确的扣 3 分	
	不能按时完成实训报告，不完整、有错误扣 6 分	

巩 固 与 练 习

一、选择题

1. 目前我国使用的铂热电阻的测量范围是_____。

A. $-200 \sim +850℃$ 　　　　　　　B. $-100 \sim +300℃$

C. $-50 \sim +150℃$ 　　　　　　　D. $-55 \sim +150℃$

2. 我国目前使用的铜热电阻，其测量范围是_____。

A. $-200 \sim +850℃$ 　　　　　　　B. $-100 \sim +300℃$

C. $-50 \sim +150℃$ 　　　　　　　D. $-55 \sim +150℃$

3. 目前，我国生产的铂热电阻，其初始电阻值为_____。

A. $10Ω$ 　　　　B. $40Ω$ 　　　　C. $50Ω$ 　　　　D. $80Ω$

4. 我国生产的铜热电阻,其初始电阻 R_0 为（　　）。

A. 10Ω　　　　　B. 40Ω　　　　　C. 50Ω　　　　　D. 80Ω

5. 用热电阻测温时,热电阻在电桥中采用三线制接法的目的是_____。

A. 接线方便　　　　　　　　　　B. 减小引线电阻变化产生的测量误差

C. 减小桥路中其他电阻对热电阻的影响　D. 减小桥路中电源对热电阻的影响

6. 通常用热电阻测量_____。

A. 电阻　　　　　B. 扭矩　　　　　C. 温度　　　　　D. 流量

7. 用热电阻传感器测温时,经常使用的配用测量电路是_____。

A. 交流电桥　　　　B. 差动电桥　　　　C. 直流电桥

8. 一个热电偶产生的热电势为 $E_{AB}(t,t_0)$,当打开其冷端串接与两热电极材料不同的第三根金属导体时,若保证已打开的冷端两点的温度与未打开时相同,则回路中热电势_____。

A. 增加　　　　　　　　　　　B. 减小

C. 增加或减小不能确定　　　　　D. 不变

9. 利用热电偶测温时,只有在_____条件下才能进行。

A. 分别保持热电偶两端温度恒定　　B. 保持热电偶两端温差恒定

C. 保持热电偶冷端温度恒定　　　　D. 保持热电偶热端温度恒定

10. 热电偶的冷端处理中,补偿导线法是_____。

A. 使冷端温度恒为零

B. 将冷端引到低温,且变化较小的地点

C. 将冷端引到高温,且变化较小的地点

D. 使冷端延伸后保持某一恒定温度

二、简答题

1. 测温仪表有哪些分类方式?

2. 工业上常用的热电偶有哪些?各有何特点?

3. 利用热电偶测温,为什么要用补偿导线?

4. 为什么要进行自由端温度补偿?有哪几种自由端温度补偿方法?

5. 试述热电阻温度计的工作原理,并指出常用热电阻的种类。

6. 热电阻与动圈表配套测量时,为什么要采用三线制接法?

7. 温度变送器的作用是什么?一体化温度变送器有什么特点?

8. 简要说明集成温度传感器的主要特性。

三、计算题

1. 用 K 型（镍铬-镍硅）热电偶测量炉温时,自由端温度 $t_0 = 30℃$,由电子电位差计测得热电势 $E(t,30℃) = 37.724mV$,求炉温 t。

2. 用镍铬-镍硅（K）热电偶测量温度,已知冷端温度为 $40℃$,用高精度毫伏表测得这时的热电动势为 $29.188mV$,求被测点的温度。

3. 已知镍铬-镍硅（K）热电偶的热端温度 $t = 800℃$,冷端温度 $t_0 = 25℃$,求 $E(t,t_0)$ 是多少毫伏?

4. 如图 3-36 所示的测温回路,热电偶的分度号为 K,毫伏表的示值应为多少度?

5. 用镍铬－镍硅（K）热电偶测量某炉温的测量系统如图 3-37 所示，已知：冷端温度固定在 0℃，$t_0=30$℃，仪表指示温度为 210℃，后来发现由于工作上的疏忽把补偿导线 A′ 和 B′，相互接错了，问：炉温的实际温度 t 为多少？

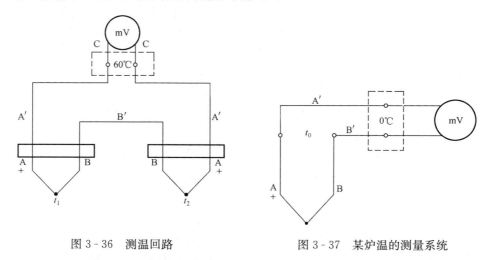

图 3-36　测温回路　　　　　　　　图 3-37　某炉温的测量系统

6. 参照冰箱热敏电阻温控电路，用热水器专用温度传感器设计热水器温度控制电路。

4 压 力 测 量

知识目标

(1) 掌握电阻应变片式传感器的测量原理和测量线路。
(2) 掌握压电传感器的工作原理。
(3) 了解其他测量压力的传感器。

技能目标

(1) 能判断应变力检测系统的简单故障。
(2) 能利用电阻应变片式传感器自行组成电子秤,并进行标定。

4.1 压电传感器的认识和项目说明

4.1.1 项目目的
了解扩散硅压阻式压力传感器测量压力的原理与方法。

4.1.2 项目条件
传感器综合实验台(压力传感器模块,温度传感器模块,数显单元,直流稳压源+5V、±15V)。

4.1.3 项目内容及要求
通过扩散硅压阻式压力传感器的压力测量的实训,掌握压阻式压力传感器的测量原理、测量压力的方法,掌握压力传感器的测量转化电路。

4.2 相 关 知 识

4.2.1 压力测量的基本知识
1. 压力基本概念
压力在工业测量中是指压强,表示垂直作用于单位面积上的力。公式为

$$p = F/A \tag{4-1}$$

2. 压力的国际单位和常用单位
压力的国际单位为"帕斯卡",简称"帕"(Pa)。除此之外,工程长期使用许多不同的压力计量单位。如"工程大气压"、"标准大气压"、"毫米汞柱",气象学中还用"巴"(bar)和"托"作为压力单位。这些单位在一些进口仪表说明书上可能还会见到。压力的常用单位如表4-1所示。

表 4-1 压力测量的常用单位

单位	帕/Pa	巴/bar	毫巴/mbar	毫米水柱/mmH₂O	标准大气压/atm	工程大气压/at	毫米汞柱/mmHg	磅力/英寸/1bf/m²
帕 (Pa)	1	1×10^{-5}	1×10^{-2}	$1.019\ 716 \times 10^{-1}$	$0.986\ 923\ 6 \times 10^{-5}$	$1.019\ 716 \times 10^{-2}$	$0.750\ 06 \times 10^{-2}$	$1.450\ 442 \times 10^{-6}$
巴 (bar)	1×10^{5}	1	1×10^{3}	$1.019\ 716 \times 10^{4}$	$0.986\ 923\ 6$	$1.019\ 716$	$0.750\ 06 \times 10^{-3}$	$1.450\ 442 \times 10$
毫巴 (mbar)	1×10^{2}	10×10^{-3}	1	$1.019\ 716 \times 10$	$0.986\ 923\ 6 \times 10^{-3}$	$1.019\ 716 \times 10^{-3}$	$0.750\ 06$	$1.450\ 442 \times 10^{-2}$
毫米水柱 (mmH₂O)	$0.980\ 665 \times 10$	$0.980\ 665 \times 10^{-4}$	$0.980\ 665 \times 10^{-1}$	1	$0.967\ 8 \times 10^{-4}$	1×10^{-4}	$0.735\ 56 \times 10^{-1}$	1.422×10^{-3}
标准大气压 (atm)	$1.013\ 25 \times 10^{5}$	$1.013\ 25$	$1.013\ 25 \times 10^{3}$	$1.033\ 227 \times 10^{4}$	1	$1.033\ 2$	0.76×10^{3}	$1.469\ 6 \times 10$
工程大气压 (at)	$0.980\ 665 \times 10^{5}$	$0.980\ 665$	$0.980\ 665 \times 10^{3}$	1×10^{4}	$0.967\ 8$	1	$0.735\ 57 \times 10^{3}$	$1.422\ 398 \times 10$
毫米汞柱 (mmHg)	$1.333\ 224 \times 10^{2}$	$1.333\ 224 \times 10^{-3}$	$1.333\ 224$	$1.359\ 51 \times 10$	1.361×10^{-3}	$1.359\ 51 \times 10^{-3}$	1	1.934×10^{-2}
磅力/英寸 (1bf/m²)	$0.689\ 49 \times 10^{4}$	$0.689\ 49 \times 10^{-4}$	$0.689\ 49 \times 10^{2}$	$0.703\ 07 \times 10^{3}$	$0.680\ 5 \times 10^{-1}$	0.707×10^{-1}	$0.517\ 15 \times 10^{2}$	1

3. 认识常用的压力传感器及分类

压力传感器是工业实践中最为常用的一种传感器，其广泛应用于各种自控环境，涉及水利水电、铁路交通、智能建筑、生产自控、航空航天、军工、石化、油井、电力、船舶、机床、管道等众多行业。

压力传感器的种类繁多，如电阻应变片压力传感器、半导体应变片压力传感器、压阻式压力传感器、电感式压力传感器、电容式压力传感器、谐振式压力传感器及电容式加速度传感器等。其具体分类如图 4-1 所示。

电阻应变片压力传感器   半导体应变片压力传感器   压阻式压力传感器

电容式压力传感器   电感式压力传感器   电容加速度传感器

图 4-1 常用的压力传感器

4.2.2 电阻应变式传感器

应变片是一种测力（重）或测加速度的传感器。主要应用于工程测量和实验。在日常生活和工程中的应用如图 4-2 所示，具有以下特点：

(a)   (b)   (c)

图 4-2 日常生活和工程中的应用
（a）磅秤；（b）超市打印秤；（c）斜拉桥上的斜拉绳应变测试

（1）精度高（0.1 或 0.05％F·S）、测量范围广。

（2）频率响应特性较好（动态范围几十～几百千赫，响应时间 10^{-7} 秒/10^{-11} 秒）。

（3）结构简单，尺寸小，重量轻；可在高（低）温、高压等恶劣环境中正常工作。

1. 工作原理

（1）金属的电阻应变效应。当金属丝在外力作用下发生机械变形时其电阻值将发生变化，如图 4-3 所示。

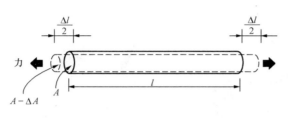

图 4-3 金属丝的拉伸

由欧姆定律知，对于长为 l、截面积为 A、电阻率为 ρ 的导体，其电阻为

$$R = \rho\frac{l}{A} \qquad (4-2)$$

若 l、A 和 ρ 均发生变化，则其电阻也变化，对上式全微分，有

$$dR = \frac{\rho}{A}dl - \frac{\rho}{A^2}dA + \frac{l}{A}d\rho \qquad (4-3)$$

设半径为 r 的圆导体，$A = \pi r^2$，代入式（4-3）中，电阻的相对变化为

$$\frac{dR}{R} = \frac{dl}{l} - \frac{2dr}{r} + \frac{d\rho}{\rho} \qquad (4-4)$$

其中 $dl/l = \varepsilon_x$，称为电阻丝的轴向应变；$dr/r = \varepsilon_y$ 称为电阻丝的径向应变；ε 是量纲为 1 的数，其数值一般很小，常以微应变 $\mu\varepsilon$ 度量，$1\mu\varepsilon = 10^{-6}\varepsilon$。$\varepsilon_y$ 与 ε_x 关系可表示为 $\varepsilon_y = -\mu\varepsilon_x$，$\mu$ 为电阻丝材料的泊松比，钢的泊松比约为 0.3，将 ε_x、ε_y 和 μ 代入式（4-4）可得

$$dR/R = (1 + 2\mu + d\rho/\rho/\varepsilon_x)\varepsilon_x = k_0\varepsilon_x \qquad (4-5)$$

其中 k_0 受到两个因素影响：一个是 $(1 + 2\mu)$，它表示电阻丝几何尺寸形变所引起的变化；另一个是 $d\rho/\rho$，它表示材料的电阻率随应变所引起的变化，金属的变化很小可以忽略不计，对于不同的金属材料 k_0 是不同的，一般为 2 左右。

（2）应变片的基本结构。应变片的基本结构如图 4-4 所示，由敏感栅、盖片、基底及引线组成。l 称为栅长（标距），b 称为栅宽（基宽），$b \times l$ 称为应变片的使用面积。应变片的规格一般以使用面积和电阻值表示，如 $3 \times 20\text{mm}^2$，120Ω。

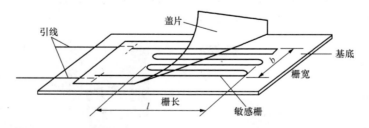

图 4-4 应变片的基本结构

1）敏感栅。一般采用直径为 0.015～0.05mm 的金属丝，电阻为 60、120、200Ω 等。

2）盖片和基底。一般采用厚度为 0.02～0.04mm 的纸片或有机聚合物。

3）引线。一般采用直径为 0.1～0.15mm 的镀锡铜线。

（3）电阻应变片的分类及材料。金属电阻应变片分为丝式、箔式、金属膜式和半导体式

（压阻式），如图 4-5 所示。

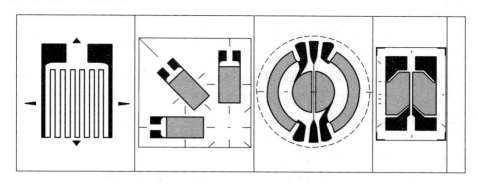

图 4-5 常用的应变片类型

（4）应变片的粘贴。应变片在使用时通常是用黏合剂粘贴在弹性元件或试件上，正确的粘贴工艺对保证粘贴质量、提高测试精度起着重要的作用。因此应变片在粘贴时，应严格按粘贴工艺要求进行。基本步骤如下：

1）应变片的检查。对所选用的应变片进行外观和电阻的检查。观察线栅或箔栅的排列是否整齐、均匀，是否有锈蚀，以及短路、断路和折弯现象。测量应变片的电阻值，检查阻值、精度是否符合要求，对桥臂配对用的应变片，其电阻值要尽量一致。

2）试件的表面处理。为了保证一定的黏合强度，必须将试件表面处理干净，清除杂质、油污及表面氧化层等。粘贴表面应保持平整，表面光滑。最好在表面打光后，采用喷砂处理，面积约为应变片的 3～5 倍。

3）确定贴片位置。在应变片上标出敏感栅的纵、横向中心线，粘贴时应使应变片的中心线与试件的定位线对准。

4）粘贴应变片。先用甲苯、四氢化碳等溶剂清洗试件表面和应变片表面，然后在试件表面和应变片表面上各涂一层薄而均匀的树脂，最后将应变片粘贴到试件的表面上，同时在应变片上加一层玻璃纸或透明的塑料薄膜，并用手轻轻滚动压挤，将多余的胶水和气泡排出。

5）固化处理。根据所使用的黏合剂的固化工艺要求进行固化处理和时效处理。

6）粘贴质量检查。检查粘贴位置是否正确，黏合层是否有气泡和漏贴，有无短路、断路现象，应变片的电阻值有无较大的变化。应变片与被测物体之间的绝缘电阻进行检查，一般应大于 $200M\Omega$。

7）引出线的固定与保护。将粘贴好的应变片引出线用导线焊接好，为防止应变片电阻丝和引出线被拉断，需用胶布将导线固定在被测物表面，且要处理好导线与被测物体之间的绝缘问题。

8）防潮防蚀处理。为防止因潮湿引起绝缘电阻，黏合强度下降，因腐蚀而损坏应变片，应在应变片上涂一层凡士林、石蜡、蜂蜡、环氧树脂、清漆等，厚度一般为 1～2mm。

（5）应变片参数。

应变片的参数主要有以下几项。

1）标准电阻值（R_0）。标准电阻值指的是在无应变（即无应力）的情况下的电阻值，单位为 Ω，主要规格有 60、90、120、150、350、600、1000Ω 等。

2）绝缘电阻（R_G）。绝缘电阻是指敏感栅与基片之间的电阻值，一般应大于 $10M\Omega$。

3）灵敏度系数（K）。灵敏度是指应变片安装到被测物体表面后，在其轴线方向上的单向应力作用下，应变片阻值的相对变化与被测物表面上安装应变片区域的轴向应变之比。

4）应变极限（ξ_{max}）。应变极限是指恒温时的指示应变值与真实应变值的相对差值不超过一定数值的最大真实应变值。这种差值一般规定在 10% 以内，当示值大于真实应变 10% 时，真实应变值就称为应变片的应变极限。

5）允许电流（I_e）。允许电流是指应变片允许通过的最大电流。

6）机械滞后，蠕变及零漂。机械滞后是指所粘贴的应变片在温度一定时，在增加或减少机械应变过程中真实应变与约定应变（即同一机械应变量下所指示的应变）之间的最大差值。蠕变是指已粘贴好的应变片，在温度一定并承受一定机械应变时，指示应变值随时间变化而产生变化。零漂是指已粘贴好的应变片，在温度一定且又无机械应变时，指示应变值发生变化。

2. 电阻应变片的测量桥路

（1）直流电桥电路工作原理。直流电桥电路原理如图 4-6 所示。

输出电压为

$$U_o = U_i(R_1R_3 - R_2R_4)/(R_1 + R_2)(R_3 + R_4) \tag{4-6}$$

电桥平衡条件是 $R_1R_3 = R_2R_4$。

（2）电桥工作方式。

1）单臂半桥。测量电路中其中只有一个电阻为应变片的电路。单臂电桥电路如图 4-7 所示。

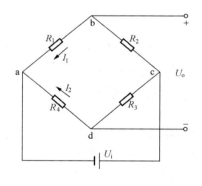

图 4-6　直流电桥电路

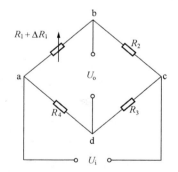

图 4-7　单臂半桥电路

2）双臂半桥。双臂电桥电路如图 4-8 所示。在试件上安装两个工作应变片，一片受拉，一片受压，它们的阻值变化大小相等、符号相反，接入电桥相邻臂，这时输出电压 U_o 与 $\Delta R_1/R_1$ 成严格的线性关系，没有非线性误差，而且电桥灵敏度比单臂提高一倍，还具有温度误差补偿作用。

3）全桥工作方式。全桥电路如图 4-9 所示。若相邻两桥臂的应变极性一致，即同为拉应变或压应变时，输出电压为两者之差；若相邻两桥臂的应变极性不同，则输出电压为两者之和。若相对两桥臂应变的极性一致，输出电压为两者之和；反之则为两者之差。

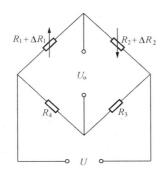 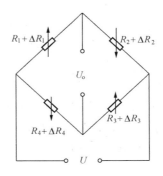

图 4-8　双臂半桥电路　　　　　　　图 4-9　全桥电路

（3）应变片的温度误差及补偿。电阻应变片传感器是靠电阻值来度量应变的，所以希望它的电阻只随应变而变，不受任何其他因素影响。但实际上，虽然用作电阻丝材料的铜、康铜温度系数很小［大约为 $\alpha=(2.5\sim5.0)\times10^{-5}℃$］，但与所测应变电阻的变化比较，仍属同一量级。如不补偿，会引起很大误差。这种由于测量现场环境温度的变化而给测量带来的误差，称之为应变片的温度误差。

3. 电阻应变式传感器的应用

（1）将应变片粘贴于被测构件上，直接用来测定构件的应力或应变。如研究或验证机械、桥梁、建筑等某些构件在工作状态下的受力、变形情况，可利用形状不同的应变片，粘贴在构件的预测部位，可测得构件的拉、压应力、扭矩或弯矩等。

（2）应变片粘贴于弹性元件上，与弹性元件一起构成应变式传感器。这种传感器常用来测量力、位移、压力、加速度等物理参数。在这种情况下，弹性元件将得到与被测量成正比的应变，再通过应变片转换成电阻的变化后输出。

（3）各种悬臂梁。

（4）在日常生活中的应用如人体秤。

4.2.3　压阻式传感器

1. 认识压阻式传感器

常用压阻式传感器如图 4-10 所示。

图 4-10　压阻式传感器

2. 工作原理

(1) 压阻效应。固体材料受到压力后，其电阻率将发生一定的变化，所有的固体材料都有这个特点，其中以半导体最为显著。当半导体材料在某一方向上承受应力时，电阻率将发生显著的变化，这种现象称为半导体压阻效应。用公式表示为

$$\frac{\Delta R}{R} \approx \frac{\Delta \rho}{\rho} = \pi E \varepsilon = \pi \sigma \qquad (4-7)$$

半导体电阻材料有结晶的硅和锗，掺入杂质形成 P 型和 N 型半导体。当硅膜比较薄时，在应力作用下的电阻相对变化为

$$(1 + 2\mu)\frac{\Delta l}{l} \ll \frac{\Delta \rho}{\rho} \qquad (4-8)$$

(2) 特点。

1) 频率响应高（例如有的产品固有频率达 1.5MHz 以上），适于动态测量。

2) 体积小（例如有的产品外径可达 0.25mm），适于微型化。

3) 精度高，可达 0.1%~0.01%。

4) 灵敏度高，比金属应变计高出很多倍，有些应用场合可不加放大器。

5) 无活动部件，可靠性高，能工作于振动、冲击、腐蚀、强干扰等恶劣环境。

3. 压阻式传感器

利用固体扩散技术，将 P 型杂质扩散到一片 N 型硅底层上，形成一层极薄的导电 P 型层，装上引线接点后，即形成扩散型半导体应变片。若在圆形硅膜上扩散出四个 P 型电阻，构成惠斯登电桥的四个臂，这样的敏感器件通常称为固态压阻器件。

扩散型硅压阻器件有两种结构，一种是圆形硅膜片，它的周边用硅杯环支撑固定，实际上硅杯环与膜片合为一体，称为圆形硅杯膜片结构。另一种也是支撑用的硅杯与膜片合为一体，区别是方形或矩形，称为方形或矩形硅杯膜片结构。

在弹性变形限度内，硅的压阻效应是可逆的，即在应力作用下硅的电阻发生变化，而当应力除去时，硅的电阻又恢复到原来的数值。硅的压阻效应因晶体的取向不同而不同，为了进一步增大灵敏度，压敏电阻常常扩散（安装）在薄的硅膜上，压力的作用先引起硅膜的形变，形变使压敏电阻承受应力，该应力比压力直接作用在压敏电阻上产生的应力要大得多，好像硅膜起了放大作用一样。

在膜片上适当位置扩散出 4 个阻值相等的压敏电阻后，将 4 个压敏电阻接成桥路就构成了扩散硅压阻器件。4 个压敏电阻在膜片上的位置应满足两个条件：①4 个压敏电阻组成桥路的灵敏度最高；②4 个压敏电阻的灵敏系数相同。

4.2.4　电感式传感器

电感式传感器是利用线圈自感或互感系数的变化来实现非电量电测的一种装置。利用电感式传感器，能对位移、压力、振动、应变、流量等参数进行测量。

电感式传感器分为自感式和互感式电感传感器 2 种。

1. 自感式传感器

做以下的实验：将一只 380V 交流接触器线圈与交流毫安表串联后，接到机床用控制变压器的 36V 交流电压源上，如图 4-11 所示。此时毫安表的示值约为几十 mA。用手慢慢将接触器的活动铁芯（称为衔铁）往下按，会发现毫安表的读数逐渐减小。当衔铁与固定铁芯

之间的气隙等于零时，毫安表的读数只剩下十几 mA。

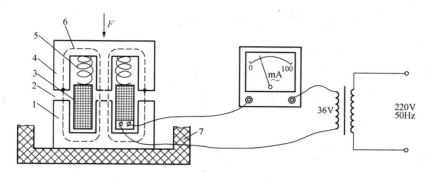

图 4-11　线圈铁芯的气隙与电感量及电流的关系实验

1—固定铁芯；2—气隙；3—线圈；4—衔铁；5—弹簧；6—磁力线；7—绝缘外壳

当铁芯的气隙较大时，磁路的磁阻 R_m 也较大，线圈的电感量 L 和感抗 X_L 较小，所以电流 I 较大。当铁芯闭合时，磁阻变小、电感变大，电流减小。我们可以利用本例中自感量随气隙而改变的原理来制作测量位移的自感式传感器。

（1）变间隙型电感传感器。变间隙型电感传感器的结构示意如图 4-12 所示。传感器由线圈、铁芯和衔铁组成。工作时可动衔铁与被测物体连接，被测物体的位移通过可动衔铁的上、下（或左、右）移动，将引起空气气隙的长度发生变化，即气隙磁阻发生相应的变化，从而导致线圈电感量发生变化。

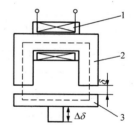

图 4-12　变间隙型电感传感器

1—线圈；2—铁芯；3—可动衔铁

实际检测时，正是利用这一变化来判定被测物体的移动量及运动方向的。

线圈的电感量计算公式为

$$L = N^2 / R_m \tag{4-9}$$

式中　N——线圈匝数；

　　　R_m——磁路总磁阻。

对于变间隙式电感传感器，如果忽略磁路铁损，则磁路总磁阻为

$$R_m = \frac{l_1}{\mu_1 A} + \frac{l_2}{\mu_2 A} + \frac{2\delta}{\mu_0 A} \tag{4-10}$$

式中　l_1——铁芯磁路长；

　　　l_2——衔铁磁路长；

　　　A——截面积；

　　　μ_1——铁芯磁导率；

　　　μ_2——衔铁磁导率；

　　　μ_0——空气磁导率；

　　　δ——空气隙厚度。

一般情况下，导磁体的磁阻与空气隙磁阻相比是很小的，可忽略，因此线圈的电感值可近似地表示为

$$L = \frac{N^2 \mu_0 A}{2\delta} \tag{4-11}$$

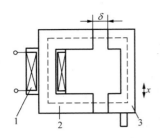

图 4 - 13　变面积型
电感式传感器
1—线圈；2—铁芯；3—可动衔铁

（2）变面积型电感式传感器。传感器工作时，当气隙长度保持不变，而铁芯与衔铁之间相对覆盖面积（即磁通截面）因被测量的变化而改变时，将导致电感量发生变化。这种类型的电感式传感器称为变面积型电感式传感器。

变面积型电感式传感器的结构示意图如图 4 - 13 所示。由图可以看出线圈的电感量也为

$$L = \frac{N^2 \mu_0 A}{2\delta}$$

由式（4 - 11）可知线圈电感量与截面积成正比，是一种线性关系。

（3）螺管型电感式传感器。当传感器的衔铁随被测对象移动时，将引起线圈磁力线路径上的磁阻发生变化，从而导致线圈电感量随之变化。线圈电感量的大小与衔铁插入线圈的深度有关。

线圈的电感量 L 与铁进入与衔铁进入线圈的长度 l_a 的关系可表示为

$$L = \frac{4\pi^2 N^2}{l^2} \big[lr^2 + (\mu_m - 1) l_a r_a^2 \big] \qquad (4 - 12)$$

式中　L——线圈长度；

　　　　r——线圈的平均半径；

　　　　N——线圈的匝数；

　　　　l_a——衔铁进入线圈的长度；

　　　　r_a——衔铁的半径；

　　　　μ_m——铁芯的有效磁导率。

由式（4 - 12）可知：

1）变间隙型灵敏度较高，但非线性误差较大，且制作装配比较困难。

2）变面积型灵敏度较变间隙型的小，但线性较好，量程较大，使用比较广泛。

3）螺管型灵敏度较低，但量程大、结构简单且易于制作和批量生产，常用于测量精度要求不太高的场合。

（4）差分式电感传感器。差分式电感传感器结构示意图如图 4 - 14 所示。

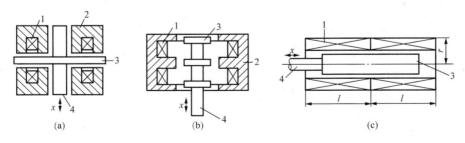

图 4 - 14　差分式电感传感器
（a）变间隙型；（b）变面积型；（c）螺管型
1—线圈；2—铁芯；3—衔铁；4—导杆

在实际使用中，常采用两个相同的传感器线圈共用一个衔铁，构成差分式电感传感器，

这样可以提高传感器的灵敏度，减小测量误差。

（5）自感式电感传感器的测量电路。交流电桥是电感式传感器的主要测量电路，它的作用是将线圈电感的变化转换成电桥电路的电压或电流输出，多采用双臂工作形式。通常将传感器作为电桥的两个工作臂，电桥的平衡臂可以是纯电阻也可以是变压器的二次绕组或紧耦合电感线圈。

1）电阻平衡电桥如图 4 - 15（a）所示。

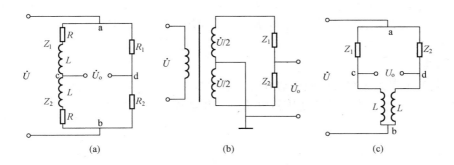

图 4 - 15　自感式电感传感器的测量电路

Z_1、Z_2 为传感器阻抗。$Z_1 = Z_2 = Z = R + j\omega L$，另有 $R_1 = R_2 = R'$。由于电桥工作臂是差分形式，则在工作时 $Z_1 = Z + \Delta Z$ 和 $Z_2 = Z - \Delta Z$，电桥的输出电压为

$$\dot{U}_o = \dot{U}_{dc} = \frac{Z_1 \dot{U}}{(Z_1 + Z_2)} - \frac{R_1 \dot{U}}{(R_1 + R_2)} = \frac{\dot{U} \Delta Z}{2Z} \qquad (4 - 13)$$

当 $\omega L \gg R$ 时，上式可写为

$$\dot{U}_o = \frac{\dot{U} \Delta L}{2L} \qquad (4 - 14)$$

由式（4 - 14）可以看出，交流电桥的输出电压与传感器线圈电感的相对变化量是成正比的。

2）变压器式电桥如图 4 - 14（b）所示。平衡臂为变压器的二次绕组，当负载阻抗无穷大时，输出电压为

$$\dot{U}_o = \frac{\dot{U} Z_2}{(Z_1 + Z_2)} - \frac{\dot{U}}{2} = \frac{\dot{U}}{2} \cdot \frac{(Z_2 - Z_1)}{(Z_1 + Z_2)} \qquad (4 - 15)$$

由于是双臂工作形式，当衔铁下移时，$Z_1 = Z - \Delta Z; Z_2 = Z + \Delta Z$。则

$$\dot{U}_o = \frac{\dot{U} \Delta Z}{2Z} \qquad (4 - 16)$$

同理，当衔铁上移时，则

$$\dot{U}_o = \frac{-\dot{U} \Delta Z}{2Z} \qquad (4 - 17)$$

可见，衔铁上移和下移时，输出电压相位相反，且随 ΔL 的变化输出电压也相应地改变。因此，该电路可判别位移的大小和方向。

2. 互感式电感传感器

（1）工作原理。互感式电感传感器由两个或多个带铁芯的电感线圈组成，一、二次绕组

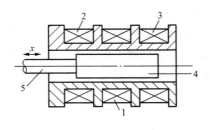

图 4 - 16 差分变压器式传感器

1—次绕组；2、3—二次绕组；

4—衔铁；5—导杆

之间的耦合，可随衔铁或两个绕组之间的相对移动而改变，即能把被测量位移转换为传感器的互感变化，从而将被测位移转换为电压输出。由于使用比较广泛的互感式电感传感器是采用两个二次绕组，将二次绕组的同名端串接以差分方式输出，因此常把这种传感器称为差分变压器式传感器，如图 4 - 16 所示。

（2）测量电路。差分变压器随衔铁的位移可输出一个调幅波，因而用电压表来测量存在下述问题。

1）总有零位电压输出，因而零位附近的小位移量的测量比较困难。

2）交流电压表无法判断衔铁移动方向。为解决以上问题，常用的测量电路有相敏检波电路、差分整流电路、直流差分变压器电路等。相敏检波电路如图 4 - 17 所示。

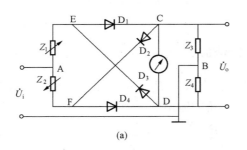

(a)

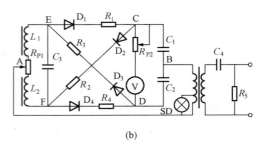

(b)

图 4 - 17 相敏检波电路

特别应注意以下几点。

1）电路中需要接入移相电路。

2）比较电压一般应为信号电压的 3～5 倍。

3）图中，R_P 为电桥调零电位器。

4）电路中还要接入放大器。

"检波"与"整流"的含义都指能将交流输入转换成直流输出的电路。但检波多用于描述信号电压的转换。不同检波方式的输出特性曲线如图 4 - 18 所示。

普通的全波整流只能得到单一方向的直流电，不能反映输入信号的相位。

3. 电感式传感器的应用

（1）位移测量。图 4 - 19（a）所示为轴向式测试头的结构示意图，图 4 - 19（b）所示为电感测位仪测量电路的原理框图。测量时测头的测端与被测件接触，被测件的微小位移使衔铁在差分线圈中移动，线圈的电感值将产生变化，变化量通过引线接到交流电桥，电桥的输出电压就反映了被测件的位移变化量。

（2）力和压力的测量。图 4 - 20 所示为差分变压器式力传感器。当力作用于传感器时，弹性元件产生变形，从而导致衔铁相对线圈移动。线圈电感量的变化通过测量电路转换为输出电压，其大小反映了受力的大小。

差分变压器和膜片、膜盒、弹簧管等相结合，可以组成压力传感器。图 4 - 21 所示为微

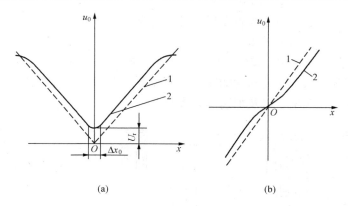

图 4 - 18　不同检波方式的输出特性曲线

（a）非相敏检波；（b）相敏检波

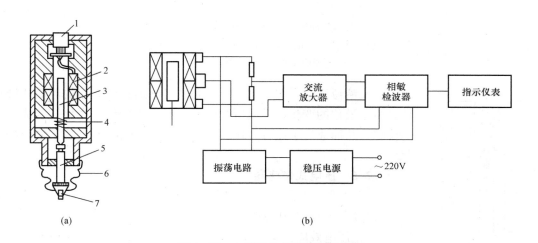

图 4 - 19　电感测位仪及其测量电路

（a）轴向式测头；（b）原理框图

1—引线；2—线圈；3—衔铁；4—测力弹簧；5—导杆；6—密封罩；7—测头

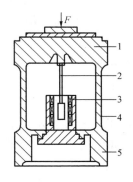

图 4 - 20　差分变压器式力传感器

1—上部；2—衔铁；3—线圈；

4—变形部；5—下部

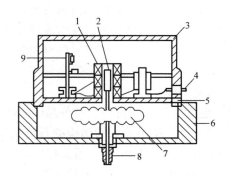

图 4 - 21　电感式微压力传感器

1—差分变压器；2—衔铁；3—罩壳；4—插头；

5—通孔；6—底座；7—膜盒；8—接头；9—线路板

压力传感器的结构示意图。在无压力作用时，膜盒在初始状态，与膜盒连接的衔铁位于差分变压器线圈的中心部。当压力输入膜盒后，膜盒的自由端产生位移并带动衔铁移动，差分变压器产生一正比于压力的输出电压。

（3）振动和加速度的测量。图4-22所示为测量振动与加速度的电感传感器结构示意图及其测量电路。衔铁受振动和加速度的作用，使弹簧受力变形，与弹簧连接的衔铁的位移大小反映了振动的幅度和频率，以及加速度的大小。

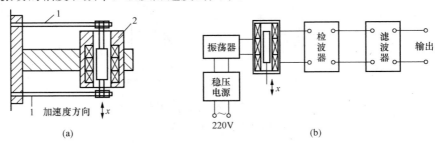

图4-22　振动与加速度的电感传感器及其测量电路图
(a)振动传感器结构示意图；(b)测量电路框图
1—弹性支承；2—差分变压器

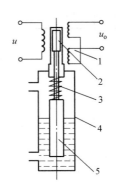

图4-23　浮筒式液位
计示意图
1—线圈；2—衔铁；
3—弹簧；4—浮筒室；
5—浮筒

（4）液位测量。图4-23所示为采用电感式传感器的浮筒式液位计。由于液位的变化，浮筒所受浮力也将产生变化，变化转变成衔铁的位移，从而改变了差分变压器的输出电压，输出值反映了液位的变化值。

4.2.5　压电式传感器

1. 压电式传感器的工作原理

（1）压电效应与压电材料。

1）正压电效应：某些电介质物质在沿一定方向上受到外力的作用产生变形时，内部会产生极化现象，同时在其表面产生电荷。当外力去掉后，又重新回到不带电状态，这种现象称为压电效应。

2）逆压电效应：反之，在电介质的极化方向上施加交变电场，它会产生机械变形，当去掉外加电场，电介质变形随之消失，这种现象称为逆压电效应或叫做电致伸缩效应。

压电元件材料常见的有三类：①压电晶体；②经过极化处理的压电陶瓷；③高分子压电材料。

（2）石英晶体。

1）压电效应产生的机理。石英晶体的压电效应机理示意图如图4-24所示。

图4-24（a）所示为天然结构的石英晶体呈现六角形晶柱。如图4-24（b）所示，分别取 x、y 和 z 轴：x 轴为电轴，通常把沿电轴 x 方向的力作用下，在垂直于 x 轴表面上产生电荷的压电效应称为"纵向压电效应"。

若石英晶体的切片长度、宽度、厚度分别为 l、b、δ，则当沿电轴方向施加压力 F_x 时，在垂直于电轴的平面上产生的电荷量为

$$Q_{11} = d_{11} F_x \qquad\qquad (4-18)$$

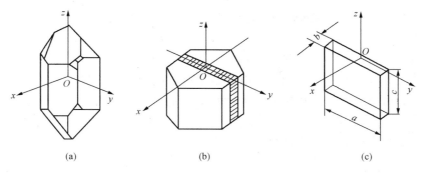

图 4-24　石英晶体的压电效应机理

y 轴为机械轴，把沿机械轴 y 方向的力作用下，在垂直于 x 轴表面上产生电荷的压电效应称为"横向压电效应"；当晶片受到机械轴方向的压力 F_y 作用时，在垂直于 x 轴平面上的电荷量为

$$Q_{12} = -\frac{d_{11}F_y l}{\delta} \tag{4-19}$$

z 轴为光轴，该方向受力时不产生压电效应。

纵向压电效应产生的电荷量 Q_{11} 正比于作用力 F_x，与晶体切面尺寸无关；横向压电效应产生的电荷量与晶体切面尺寸有关，式（4-19）中的负号说明机械轴的压力引起的电荷极性与沿电轴的压力引起的电荷极性恰好相反。

2）石英压电材料的特点。石英压电材料的特点是温度稳定性好，在几百度的温度变化范围内，压电常数几乎不随温度而改变。居里点高为 576℃。

（3）压电陶瓷。

1）压电机理。压电陶瓷是人工制造的多晶体压电材料，具有类似铁磁材料磁畴结构的电畴结构。为了使压电陶瓷具有压电效应，需做极化处理，即在 100～170℃ 温度下，对两个镀银电极的极化面加上高压电场（1～4）kV/mm，此时电畴的极化方向发生转动，趋向于按外电场方向排列，从而使材料得到极化。极化处理后，陶瓷材料内部仍存在有很强的剩余极化强度，当压电陶瓷受外力作用时，电畴的界限发生移动，因此剩余极化强度将发生变化，压电陶瓷就呈现出压电效应。

在压电陶瓷中，通常把它的极化方向定为 z 轴。当压电陶瓷在极化面上受到垂直于它的均匀分布的作用力时（即作用力沿极化方向），则在这两镀银极化面上分别出现正、负电荷。

在极化面上电荷量 Q 与 F_z 成正比，即

$$Q = d_{33}F_z \tag{4-20}$$

2）压电陶瓷的种类和特点。常用的压电陶瓷材料主要有以下几种：

a. 钛酸钡（$BaTiO_3$）：钛酸钡具有较高的压电常数（$d_{33}=190\times10^{-12}$ C/N）和相对介电常数（1000～5000）。但是它的居里点较低（约 120℃），机械强度低于石英晶体。

b. 锆钛酸铅压电陶瓷（PZT）：锆钛酸铅压电陶瓷是由钛酸铅和铅酸铅组成的固熔体，具有较高的压电常数[（200～500）$\times10^{-12}$ C/N]，是目前经常采用的一种压电材料。在 PZT 材料中加入微量的镧、铌或锑等，可以得到不同性能的 PZT 材料。

c. 铌镁酸铅压电陶瓷（PMN）：铌镁酸铅压电陶瓷具有较高的压电常数[（800～900）$\times$ 10^{-12} C/N]和居里点（260℃），能承受 7×10^7 Pa 的压力，因此可作为高压下的力传感器。

压电陶瓷特点，压电陶瓷经过极化处理后具有非常高的压电常数，为石英晶体的几百倍。

（4）高分子压电材料。高分子压电材料有聚偏二氟乙烯（PVF2）、聚氟乙烯（PVF）、聚氯乙烯（PVC）等，其中以 PVF2 压电常数最高。高分子压电材料是一种柔软的压电材料，不易破碎，可以大量生产和制成较大面积的成品，这些优点是其他压电材料所不具备的，因此，在一些特殊用途的传感器中获得广泛应用。它与空气的声阻抗匹配具有独特的优越性，所以它是很有发展潜力的新型电声材料。

2. 压电式传感器的测量转换电路

（1）压电元件的等效电路。将压电晶片产生电荷的两个晶面封装上金属电极后，就构成了压电元件。当压电元件受力时，就会在两个电极上产生电荷，因此，压电元件相当于一个电荷源；两个电极之间是绝缘的压电介质，因此又相当于一个以压电材料为介质的电容器，其电容值为

$$C = \frac{\varepsilon A}{\delta} \tag{4-21}$$

因此，可以把压电元件等效为一个电荷源与一个电容相并联的等效电路，如图 4-25 所示。压电元件也可以等效为一个电荷源与一个电容相串联的等效电路。

$$\Delta U = \Delta Q / C_a \tag{4-22}$$

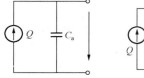
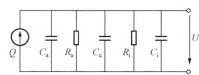

图 4-25 压电式传感器的测量转换电路

压电传感器与检测仪表连接时，还必须考虑电缆电容 C_c，放大器的输入电阻 R_i 和输入电容 C_i，以及传感器的泄漏电阻 R_a，上右图为压电传感器完整的等效电路。

（2）压电式传感器测量电路。压电式传感器的内阻很高，而输出的信号微弱，因此一般不能直接显示和记录。压电式传感器要求与高输入阻抗的前置放大电路配合，再与一般的放大、检波、显示、记录电路连接，才能防止电荷的迅速泄漏而使测量误差减少。

压电式传感器的前置放大器的作用有：①把传感器的高阻抗输出变为低阻抗输出；②把传感器的微弱信号进行放大。

根据压电式传感器的工作原理及等效电路，压电式传感器的输出可以是电荷信号，也可以是电压信号，因此与之配套的前置放大器也有电荷放大器和电压放大器两种形式。由于电压前置放大器的输出电压与电缆电容有关，故目前多采用电荷放大器。

3. 压电传感器应用和特点

压力传感器具有以下特点：

（1）体积小、重量轻、结构简单、工作可靠，工作温度可在 250℃ 以上。

（2）灵敏度高，线性度好，常用精度有 0.5 级和 1.0 级。

（3）测量范围宽，可测 100MPa 以下的所有压力。

（4）是一种有源传感器，无需外加电源，可避免电源带来的噪声干扰。

压电式传感器主要用于动态作用力、压力、加速度的测量。

压电效应是某些介质在力的作用下产生形变时，在介质表面出现异种电荷的现象。实验表明，该种束缚电荷的电量与作用力成正比，电量越多，相对应的两表面电势差（电压）也越大。例如用压电陶瓷将外力转换成电能的特性，可以生产出不用火石的压电打火机、煤气灶打火开关、炮弹触发引信等。此外，压电陶瓷还可以作为敏感材料，应用于扩音器、电唱头等电声器件；用于压电地震仪，可以对人类不能感知的细微振动进行监测，并精确测出震源方位和强度，从而预测地震，减少损失。利用压电效应制作的压电驱动器具有精确控制的功能，是精密机械、微电子和生物工程等领域的重要器。

4.2.6 电容式传感器

电容式传感器是以不同类型的电容器作为传感元件，并通过电容传感元件把被测物理量的变化转换成电容量的变化，然后再经转换电路转换成电压、电流或频率等信号输出的测量装置。

1. 电容式传感器的工作原理

电容式传感器的工作原理可以从图 4-26 所示的平板式电容器中得到说明。由物理学可知，由两平行极板所组成的电容器，如果不考虑边缘效应，其电容量为

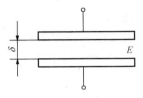

图 4-26 平板式电容器

$$C = \frac{\varepsilon A}{\delta} \qquad (4-23)$$

式中 A——两极板相互遮盖的面积，mm^2；

    δ——两极板之间的距离，mm；

    ε——两极板间介质的介电常数；F/m。

由式（4-23）可知，当被测量使 A，δ，ε 三个参数中任何一项发生变化时，电容量就要随之发生变化。

（1）电容式传感器的分类。

1）变面积式电容传感器，如图 4-27 所示。

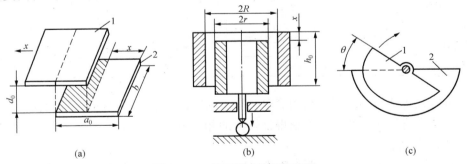

(a)   (b)   (c)

图 4-27 变面积式电容传感器
1，2—极板

图 4-27（a）所示为平板形直线位移式结构，其中极板 1 可以左右移动，称为动极板。极板 2 固定不动，称为定极板。图 4-27（b）所示为同心圆筒形变面积式传感器，外圆筒不动，内圆筒在外圆筒内作上、下直线运动。图 4-27（c）所示为一个角位移式的结构。极板 2 的轴由被测物体带动而旋转一个角位移 θ 度时，两极板的遮盖面积 A 就减小，因而电容量

也随之减小。

2）变距式电容传感器如图 4 - 28 所示。

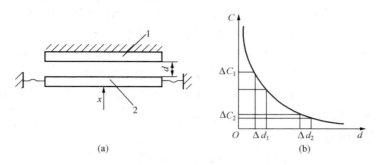

图 4 - 28　变距式电容传感器

当动极板受被测物体作用引起位移时，改变了两极板之间的距离 d，从而使电容量发生变化。实际使用时，总是使初始极距 d_0 尽量小些，以提高灵敏度，但这也带来了变极距式电容器的行程较小的缺点。

3）变介质式电容传感器。各种介质的相对介电常数不同，具体如表 4 - 2 所示，在电容器两极板间插入不同介质时，电容器的电容量也就不同。变介电常数式电容传感器常用来检测空气的湿度、介质吸入潮气时，电容量发生变化或是检测空气介质厚度及液位高度。

表 4 - 2　　　　　　　　　　　　不同介质的相对介电常数

介质名称	相对介电常数 ε_y	介质名称	相对介电常数 ε_y
真空	1	玻璃釉	3~5
空气	略大于 1	SiO_2	38
其他气体	1~1.2	云母	5~8
变压器油	2~4	干的纸	2~4
硅油	2~3.5	干的谷物	3~5
聚丙烯	2~2.2	环氧树脂	3~10
聚苯乙烯	2.4~2.6	高频陶瓷	10~160
聚四氟乙烯	2.0	低频陶瓷、压电陶瓷	1000~10000
聚偏二氟乙烯	3~5	纯净的水	80

（2）电容式传感器的特点。结构简单，易于制造；功率小、阻抗高、输出信号强；动态特性良好；受本身发热影响小；可获得比较大的相对变化量；能在比较恶劣的环境中工作；可进行非接触式测量。

电容式传感器的不足之处主要是寄生电容影响比较大；输出阻抗比较高，负载能力相对比较大；输出为非线性。

2. 电容传感器的测量电路

电容传感器的特点是电容量小、变化量小（PF 级），理论上，交流电桥可作为电容传感器的测量电路，但由于电容及变化太小，不易实现。

（1）调频测量电路。特点：转换电路生成频率信号，可远距离传输不受干扰。但非线性较差，可通过鉴频器（频压转换）转化为电压信号后，进行补偿。

图 4-29 为电容式传感器的调频电路图，其中图 4-29（a）所示为调频电路框图，图 4-29（b）所示为调频电路原理图。该电路是把电容式传感器作为 LC 振荡回路中的一部分，当电容式传感器工作时，电容 C_x 发生变化，使得振荡器的频率 f 发生相应的变化。由于振荡器的频率受到电容式传感器电容的调制，从而实现了电容向频率的变换，因此称之为调频电路。

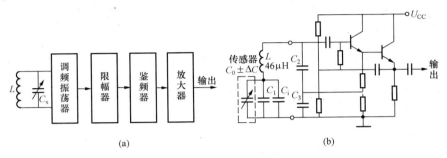

图 4-29 电容式传感器调频电路图

(a) 调频电路方框图；(b) 调频电路原理图

调频振荡器的频率计算公式为

$$f = \frac{1}{2\pi\sqrt{LC}} \tag{4-24}$$

式中 L——振荡回路电感；

       C——振荡回路总电容量（包括传感器电容 C_x，振荡回路微调电容 C_1，传感器电缆分布电容 C_i）。

振荡器输出的高频电压是一个受到被测量控制的调频波，频率的变化在鉴频器中变换成为电压的变化，再经放大后去推动后续指示仪表工作。从电路原理上看，图中 C_1 为固定电容，C_i 为寄生电容，传感器 $C_x = C_0 \pm \Delta C$。设 $C = C_1 + C_2 + C_3 + C_i + C_x$；$C_2 = C_3 \ll C$。那么调频振荡器的频率为

$$f = \frac{1}{2\pi\sqrt{L(C_1 + C_i + C_0 \pm \Delta C)}} \tag{4-25}$$

由调频电路组成的系统方框图如图 4-30 所示。

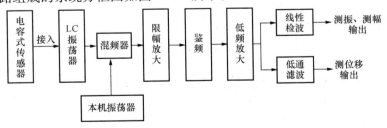

图 4-30 调频电路组成的系统方框图

（2）脉冲宽度调制电路如图 4-31 所示。

输出为

$$U_o = U_{AB} = \frac{C_1 - C_2}{C_1 + C_2} U_1 \tag{4-26}$$

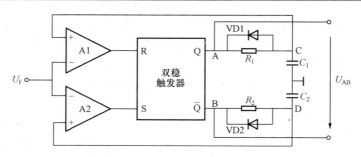

图 4-31　脉冲宽度调制电路

直流输出电压正比于电容 C_1 与 C_2 的差值,其极性可正可负。

脉冲宽度调制电路的特点为

1) 对元件无线性要求。

2) 效率高,信号只要经过低通滤波器就有较大的直流输出。

3) 调宽频率的变化对输出无影响。

4) 由于低通滤波器作用,对输出矩形波纯度要求不高。

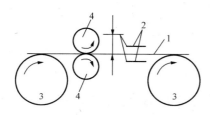

图 4-32　电容测厚仪原理示意图

1—金属带材;2—电容极板;

3—传动轮;4—轧辊

3. 电容传感器的应用

(1) 电容测厚仪。电容测厚仪是用来测量金属带材在轧制过程中的厚度的仪器,其工作原理如图 4-32 所示。

1) 电容测厚仪结构。检测时,在被测金属带材的上、下两侧各安装一块面积相等、与带材距离相等的极板,并把这两块极板用导线连接起来,作为传感器的一个电极板,而金属带材就是电容传感器的另一个极板。

2) 原理。其总的电容量 C 就应是两个极板间的电容之和($C=C_1+C_2$)。如果带材用交流电桥电路就可将该变化检测出来,再经过放大就可在显示仪器上把带材的厚度变化显示出来。

用于此类厚度检测的电容式厚度传感器的框图如图 4-33 所示。

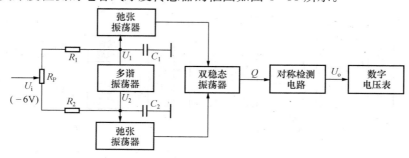

图 4-33　电容式厚度传感器方框图

图中的多谐振荡器输出的电压 U_1,U_2 通过 R_1,R_2($R_1=R_2$)交替对电容 C_1,C_2 充、放电,从而使弛张振荡器的输出交替触发双稳态电路。当 $C_1=C_2$ 时,$U_o=0$;当 $C_1 \neq C_2$ 时,双稳态电路 Q 端输出脉冲信号,此脉冲信号经对称脉冲检测电路处理后变成电压输出,并用数字电压表示。

输出电压的计算公式为

$$U_o = \frac{U_C(C_1 - C_2)}{C_1 + C_2} \qquad (4-27)$$

式中 U_C——电源电压。

（2）差分式电容压力传感器。差分式电容压力传感器广泛应用于液体、气体和蒸汽的流量、压力，液体位置及密度等的检测，其结构如图 4-34 所示。

当被测压力 P 通过过滤器通道进入空腔后，由于弹性膜片的两侧受到的压力不同，而形成一个压力差。由于压差的作用，使膜片凸向一侧而产生位移。这一位移改变了两个镀金玻璃圆片与弹性膜片之间的电容量，而电容量的变化可由电路加以放大后取出，其原理如图 4-35 所示。

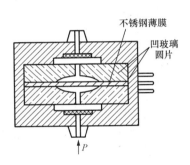

图 4-34 差分式电容压力传感器结构图

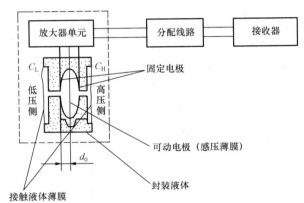

图 4-35 差分式电容压力传感器原理图

差分式电容压力传感器输出电流 I_o 为

$$I_o = \frac{C_L - C_H}{C_L + C_H} I_C = \frac{K}{d_0} \Delta p \qquad (4-28)$$

式中 C_H——高压侧极间电容值；

C_L——低压侧极间电容值；

d_0——电极间的初始间距；

Δp——输入压差；

I_C、K——常数。

输出电流与介电常数的变化和激励电源频率的变化无关，而只与压差成正比。

差分式电容压力传感器的电路如图 4-36 所示。主要由信号变换器电路及电流控制器电路两部分组成。其中信号变换器电路可将差分电容量转换成电信号，而电流控制器电路就可进一步将电信号变换成某一直流输出信号。

（3）电容式接近开关。电容式接近开关是利用变极距型电容传感器的原理设计的。接近开关是以电极为检测端的静态感应方式，由高频振荡、检波、放大、整形及输出等部分组成。其中装在传感器主体上的金属板为定板，而被测物体上的相对应位置上的金属板相当于动板。工作时，当被测物体移动接近传感器主体时，由于两者之间的距离发生了变化，从而引起传感器电容量的改变，使输出发生变化。此外，开关的作用表面与大地之间构成一个电容器，参与振荡回路的工作。当被测物体接近开关的作用表面时，回路中的电容量将发生变

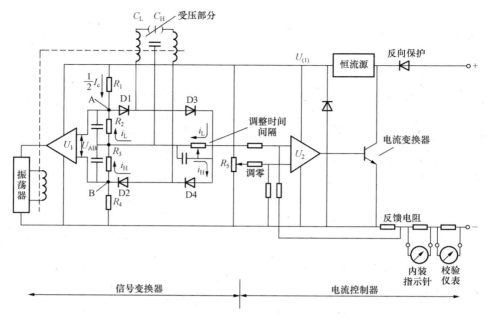

图 4 - 36　　差分式电容压力传感器电路图

化，使得高频振荡器的振荡减弱直至停振。振荡器的振荡及停振这两个信号是由电路转换成
开关信号后送至后续开关电路，从而完成传感器按预先设置的条件发出信号，控制或检测机
电设备，使其正常工作。

4.3　压阻传感器实践操作

4.3.1　工作计划

通过训练项目理解压阻式传感器的工作原理，掌握压力传感器的作用和应用，具体工作
计划如表 4 - 3 所示。

表 4 - 3　　　　　　　　　　　　　压阻传感器项目工作计划表

序号	内容	负责人	时间	工作要求	完成情况
1	研讨任务	全体组员		分析项目的控制要求	
2	制订计划	小组长		制定完整的工作计划	
3	讨论项目的原理	全体组员		理解压阻式传感器测量压力的工作原理及接线方法	
4	具体操作	全体组员		根据要求进行连线并记录数据	
5	效果检查	小组长		检查数据的正确性，分析结果	
6	评估	老师		根据小组完成情况进行评价	

4.3.2　方案分析

在具有压阻效应的半导体材料上用扩散或离子注入法，摩托罗拉公司设计出 X 形硅压
力传感器如图 4 - 37 所示。在单晶硅膜片表面形成 4 个阻值相等的电阻条，并将它们连接成
惠斯通电桥，电桥电源端和输出端引出，用制造集成电路的方法封装起来，制成扩散硅压阻
式压力传感器。

扩散硅压力传感器的工作原理：在 X 形硅压力传感器的一个方向上加偏置电压形成电流 i，当敏感芯片没有外加压力作用，内部电桥处于平衡状态，当有剪切力作用时，在垂直电流方向将会产生电场变化 $E = \Delta p \cdot i$，该电场的变化引起电位变化，则在端可得到被与电流垂直方向的两侧压力引起的输出电压 U_o，即

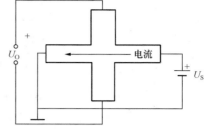

图 4-37　扩散硅压力传感器原理图

$$U_o = d \cdot E = d \cdot \Delta p \cdot i \qquad (4-29)$$

式中　d——元件两端距离。

4.3.3　操作分析

实验接线图如图 4-38 所示，MPX10 有 4 个引出脚，1 脚接地、2 脚为 Uo+、3 脚接 +5V电源、4 脚为 Uo-；当 $p_1 > p_2$ 时，输出为正；$p_1 < p_2$ 时，输出为负。

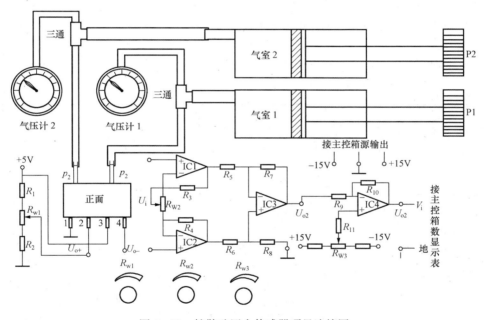

图 4-38　扩散硅压力传感器项目连接图

实验步骤：

（1）接入+5V、±15V 直流稳压电源，模块输出端 Vo2 接控制台上数显直流电压表，选择 20V 档，打开实验台总电源。

（2）调节 R_{w2} 到适当位置并保持不动，用导线将差动放大器的输入端 Ui 短路，然后调节 R_{w3} 使直流电压表 200mV 档显示为零，取下短路导线。

（3）气室 1、2 的两个活塞退回到刻度"17"的小孔后，使两个气室的压力相对大气压均为 0，气压计指在"零"刻度处，将 MPX10 的输出接到差动放大器的输入端 Ui，调节 R_{w1} 使直流电压表 200mV 档显示为零。

（4）保持负压力输入 p_2 压力零不变，增大正压力输入 p_1 的压力到 0.01MPa，每隔 0.005MPa 记下模块输出 U_{o2} 的电压值。直到 p_1 的压力达到 0.095MPa；填入表 4-4。

表 4 - 4

p（kPa）										
U_{o2}（V）										

（5）保持正压力输入 p_1 压力 0.095MPa 不变，增大负压力输入 p_2 的压力，从 0.01MPa 每隔 0.005MPa 记下模块输出 U_{o2} 的电压值。直到 p_2 的压力达到 0.095MPa；填入表 4 - 5。

表 4 - 5

p（kPa）										
U_{o2}（V）										

（6）保持负压力输入 p_2 压力 0.095MPa 不变，减小正压力输入 p_1 的压力，每隔 0.005MPa 记下模块输出 U_{o2} 的电压值。直到 p_1 的压力为 0.005MPa；填入表 4 - 6。

表 4 - 6

p（kPa）										
U_{o2}（V）										

（7）保持负压力输入 p_1 压力 0MPa 不变，减小正压力输入 p_2 的压力，每隔 0.005MPa 记下模块输出 U_{o2} 的电压值。直到 p_2 的压力为 0.005Mpa；填入表 4 - 7。

表 4 - 7

p（kPa）										
U_{o2}（V）										

实验结束后，关闭实验台电源，整理好实验设备。

4.4 项目的检测与评估

4.4.1 检测方法

学生接线无误后可通电测量，根据实验所得数据，计算压力传感器输入 $P(P_1-P_2)$ —输出 U_{o2} 曲线。计算灵敏度 $L=\Delta U/\Delta P$，非线性误差 δ_f。找出俩组同学讲解和分析项目内容和结果。

4.4.2 评估策略

实验结束后，学生依据表 4 - 8 所示的评估表中的评分标准进行小组自评、互评打分。

教师在学生工作过程中，巡回检查指导，及时纠正电路接线错误、调试方法不对等问题。依据学生所出现的问题、完成时间、数据处理、工具使用、组织得当、分工合理等方面进行考核，记录成绩并对学生工作结果做出评价。评估内容如表 4 - 8 所示。

表 4 - 8　　　　　　　　**扩散硅压阻式压力传感器的压力测量评估表**

班级		组号		姓名		学号		成绩	

评估项目	扣分标准	小计
1. 信息收集能力（10分）	能根据任务要求收集压力传感器的相关资料不扣分	
	不主动收集资料扣4分	
	不收集资料的不得分	
2. 项目的原理（15分）	叙述压阻式传感器测量压力的工作原理准确的不扣分	
	叙述条理不清楚、不准确的每错一处扣2分	
3. 具体操作（20分）	接线正确、数据记录完整的不扣分	
	接线正确、数据记录不完整的扣5分	
	接线不正确扣10分	
4. 数据处理（10分）	数据记录正确、分析正确的不扣分	
	数据记录正确、分析不完整的扣4分	
	数据记录不正确的扣7分	
5. 汇报表达能力（10分）	表达完整，条理清楚不扣分	
	表达不够完整，条理清楚扣4分	
	表达不完整，条理不清楚扣8分	
6. 考勤（10分）	出全勤、不迟到、不早退不扣分	
	不能按时上课每迟到或早退一次扣3分	
7. 学习态度（5分）	学习认真，及时预习复习不扣分	
	学习不认真不能按要求完成任务扣3分	
8. 安全意识（6分）	安全、规范操作	
9. 团结协作意识（4分）	能团结同学互相交流、分工协作完成任务	
10. 实训报告（10分）	按时、完整、正确的完成实训报告不扣分	
	按时完成实训报告，不完整、正确的扣3分	
	不能按时完成实训报告，不完整、有错误扣6分	

巩 固 与 练 习

一、选择题

1. 下列不是电感式传感器的是_____。
A. 变磁阻式自感传感器　　　　B. 电涡流式传感器
C. 变压器式互感传感器　　　　D. 霍尔式传感器

2. 下列传感器中不能做成差动结构的是_____。
A. 电阻应变式　　B. 自感式　　　C. 电容式　　　D. 电涡流式

3. 应变测量中，希望灵敏度高、线性好、有温度自补偿功能，应选择_____测量转换电路。

A. 单臂半桥　　　　　B. 双臂半桥　　　　　C. 四臂全桥

4. 在两片间隙为1mm的两块平行极板中插入_____，可测得最大的电容量。

A. 塑料薄膜　　　B. 干的纸　　　　C. 湿的纸　　　　　D. 玻璃薄片

5. 在电容传感器中，若采用调频法测量转换电路，则电路中_____。

A. 电容和电感均为变量　　　　　　B. 电容为变量，电感保持不变

C. 电感为变量，电容保持不变　　　D. 电容和电感均保持不变

6. 当石英晶体受压时，电荷产生在_____。

A. 与光轴垂直的 z 面上　　　　　B. 与电轴垂直的 x 面上

C. 与机械轴垂直的 y 面上　　　　D. 所有的面（x、y、z）上

7. 当电阻应变片式传感器拉伸时，该传感器电阻_____。

A. 变大　　　　　B. 变小　　　　C. 不变　　　　　D. 不定

8. 金属电阻应变片的电阻相对变化主要是由于电阻丝的_____变化产生的。

A. 尺寸　　　　　B. 电阻率　　　　C. 大小　　　　　D. 形状

9. 压电式传感器常用的压电材料有_____。

A. 石英晶体　　　B. 金属　　　　C. 半导体　　　　D. 钛酸钡

10. 压电元件并联连接时_____。

A. 输出电荷量小，适用于缓慢变化信号测量

B. 输出电压大，并要求测量电路有较高的输入阻抗

C. 输出电压小，并要求测量电路有较高的输入阻抗

D. 输出电荷量大，适用于缓慢变化信号测量

二、问答题

1. 金属电阻应变片与半导体材料的电阻应变效应有什么不同？

2. 采用阻值为120Ω灵敏度系数 $K=2.0$ 的金属电阻应变片和阻值为120Ω的固定电阻组成电桥，供桥电压为4V，并假定负载电阻无穷大。当应变片上的应变分别为1和1000时，试求单臂、双臂和全桥工作时的输出电压，并比较三种情况下的灵敏度。

3. 影响差动变压器输出线性度和灵敏度的主要因素是什么？

4. 为什么说压电式传感器只适用于动态测量而不能用于静态测量？

5. 图4-39所示为四种电容式传感器结构示意图，（a）、（b）动片上下移动，（c）、（d）动片旋转移动，试分别写出其名称。

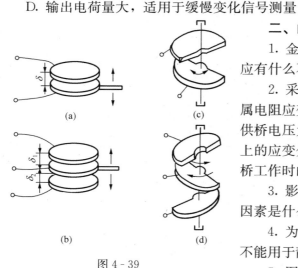

图4-39

三、计算题

1. 图4-40所示为等截面梁和电阻应变片构成的测力传感器，若选用特性相同的四片电阻应变片，$R_1 \sim R_4$，它们不受力时阻值为120Ω，灵敏度 $K=2$，在 Q 点作用力 F。求：

（1）在测量电路图（b）中，标出应变片及其符号（应变片受拉用＋，受压用－）。

（2）当作用力 $F=2$kg 时，应变片 $\varepsilon=5.2\times10^{-5}$，若作用力 $F=8$kg 时，ε 为多少？电

阻应变片 ΔR_1、ΔR_2、ΔR_3、ΔR_4 为何值?

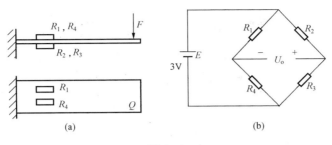

图 4 - 40

（3）若每个电阻应变片阻值变化为 0.4Ω，则输出电压 U_o 为多少（$R_L = \infty$）?

2. 有一平面直线位移差动传感器特性其测量电路采用变压器交流电桥，结构组成如图 4 - 41 所示。电容传感器起始时 $b_1 = b_2 = b = 200$mm，$a_1 = a_2 = 20$mm 极距 $d = 2$mm，极间介质为空气，测量电路 $u_1 = 3\sin\omega t$ V，且 $u = u_0$。试求当动极板上输入一位移量 $\Delta x = 5$mm 时，电桥输出电压 u_0?

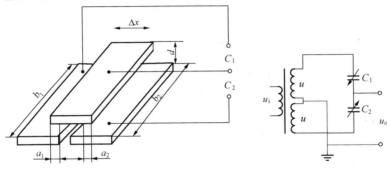

图 4 - 41

3. 如图 4 - 42 所示的差动电感式传感器的桥式测量电路，L_1、L_2 为传感器的两差动电感线圈的电感，其初始值均为 L_0。R_1、R_2 为标准电阻，u 为电源电压。试写出输出电压 u_0 与传感器电感变化量 ΔL 间的关系?

4. 电容测微仪的电容器极板面积 $A = 28$cm^2，间隙 $d = 1.1$mm，相对介电常数 $\varepsilon_r = 1$，$\varepsilon_0 = 8.84 \times 10^{-12}$ F/m。求：

（1）电容器电容量。

（2）若间隙减少 0.12mm，电容量又为多少?

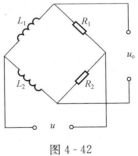

图 4 - 42

5 速 度 测 量

知识目标

（1）了解光电、光纤、霍尔、磁电传感器工作原理。
（2）掌握光电、光纤、霍尔、磁电传感器的结构及基本特性。
（3）了解光电、光纤、霍尔、磁电传感器的应用。

技能目标

（1）认识光电、光纤、霍尔、磁电传感器。
（2）能根据实际需要正确选用合适的测速传感器。
（3）能正确使用光电、光纤、霍尔、磁电传感器。

5.1 项 目 说 明

5.1.1 项目目的

掌握光电、光纤、霍尔、磁电传感器的工作原理和基本特性，学会使用光电、光纤、霍尔、磁电传感器测转速。

5.1.2 项目条件

传感器实训台（霍尔传感器，霍尔传感器模块，+5、+4、±6、±8、±10V 直流电源，转动源，频率/转速表）。

5.1.3 项目内容及要求

能够根据转速的检测要求合理选择传感器的类型与型号，利用霍尔传感器测量转速。进一步掌握霍尔传感器的工作原理和具体应用。

5.2 基 本 知 识

速度是衡量设备或物体运动状况的一项重要指标，也是描述物体振动的重要参数。速度的测量分为线速度的测量和角速度的测量（转速的测量）。

本章的任务主要学习测量转速的传感器。常用的测转速传感器有光电式传感器、光纤传感器、霍尔传感器、磁电式传感器等等。

5.2.1 光电式传感器

光电式传感器是将光信号转换成电信号的光敏器件，可用于检测直接引起光强变化的非电量，如光强、辐射测温、气体成分分析等；也可用来检测能转换成光量变化的其他非电量，如表面粗糙度、位移、速度、加速度等。光电式传感器具有响应快、性能可靠、能实现非接触测量等优点，因而在检测和控制领域获得广泛应用。光电式传感器的作用原理是基于一些物质的光电效应。

1. 光电效应

光电式传感器是利用光敏元件将光信号转换为电信号的装置。光也可以被看作是由一连串具有一定能量的粒子（称为光子）所构成，每个光子具有的能量正比于光的频率，即光的频率越高，其光子的能量就越大。因此，用光照射某一物体时，就可以看作这物体受到一连串能量为 hr 的光子所轰击，组成这一物体的材料吸收光子能量而发生相应电效应的物理现象称为光电效应。通常把光电效应分为三类。

（1）外光电效应。在光线的作用下能使电子逸出物体表面的现象称为外光电效应。逸出来的电子称为光电子。外光电效应也可由爱因斯坦光电方程来描述，即

$$\frac{1}{2}mv^2 = h\gamma - A \tag{5-1}$$

式中　m——电子的质量；

v——电子逸出物体表面时的初速度；

h——普朗克常数，$h = 6.626 \times 10^{-34} \text{J} \cdot \text{s}$；

γ——入射光频率；

A——物体逸出功。

根据爱因斯坦假设，一个光子的能量只能给一个电子，因此一个光子把全部能量传给物体中的一个自由电子，使自由电子能量增加 $h\gamma$，这些能量的一部分用于克服逸出功 A，另一部分作为电子逸出时的初动能 $\frac{1}{2}mv^2$。

由于逸出功与材料的性质有关，当材料选定后，要使物体表面有电子逸出，入射光的频率 γ 有一最低的限度，当 $h\gamma$ 小于 A 时，即使光通量很大，也不可能有电子逸出，这个最低限度的频率称为红限频率，相应的波长称为红限波长。当 $h\gamma$ 大于 A 时（入射光频率超过红限频率），光通量越大，逸出的电子数目越多，电路中光电流也越大。

基于外光电效应的光电元件有光电管、光电倍增管、光电摄像管等（玻璃真空管元件）。

（2）内光电效应。光照射于某一物体上，使其导电能力发生变化，这种现象称为内光电效应。许多金属硫化物、硒化物、碲化物等半导体材料，如硫化镉、硒化镉、硫化铅、硒化铅，在受到光照时均会出现电阻下降的现象。电路中反偏的 PN 结在受到光照时也会在该 PN 结附近产生载流子（电子—空穴对），从而对电路构成影响。

基于内光电效应光电元件有光敏电阻、光敏二极管、光敏三极管及光敏晶闸管等。

（3）光生伏特效应。

在光线作用下，物体表面产生一定方向电动势的现象称为光生伏特效应。具有该效应的材料有硅、硒、氧化亚铜、硫化镉、砷化镓等。在一块 N 型硅上，用扩散的方法掺入一些 P 型杂质，而形成一个大面积的 PN 结，由于 P 层做得很薄，从而使光线能穿透 P 层到达 PN 结上。当一定波长的光照射 PN 结时，就产生电子—空穴对，在 PN 结内电场的作用下，空穴移向 P 区，电子移向 N 区，从而使 P 区带正电，N 区带负电，于是 P 区和 N 区之间产生电压，即光生电动势。

基于光生伏特效应的光电元件有光电池等。

2. 光电元件

（1）基于外光电效应的器件。有光电管和光电倍增管。

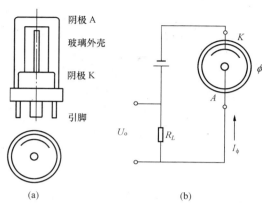

图 5-1 光电管的结构和测量电路

（a）光电管结构示意图；（b）光电管电路

1）光电管。光电管的结构及测量电路如图 5-1（a）所示。金属阳极 A 和阴极 K 封装在一个玻璃瓶内，当入射光照射在阴极时，光子的能量传递给阴极表面的电子，当电子获得的能量足够大时，就有可能克服金属表面对电子的束缚（称为逸出功）而逸出金属表面形成电子发射，这种电子称为光电子。在光照频率高于阴极材料红限频率的前提下，逸出电子数决定于光通量，光通量越大，则溢出电子越多。当光电管阳极与阴极间加适当正向电压（数十伏）时，从阴极表面逸出的电子被具有正向电压的阳极所吸引，在光电管中形成电流，称为光电流。光电流 I 正比于光电子数，而光电子数又正比于光通量。光电管的图形符号及测试电路如图 5-1（b）所示。

由于材料的逸出功不同，因此不同材料的光电阴极对不同频率的入射光有不同的灵敏度，可以根据检测对象是可见光或紫外光而选择不同阴极材料的光电管。目前紫外光电管在工业检测中多用于紫外线测量、火焰监测等，可见光较难引起光电子的发射。

2）光电倍增管。光电倍增管的电流是逐级增加的，对个光电流具有放大作用，灵敏度非常高，信噪比大，线性好，因此适用做灵敏的若光探测器。示意图及测量电路图如图 5-2 所示。

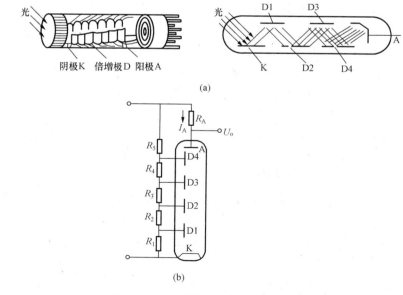

图 5-2 光电倍增管示意图及测量电路

（a）示意图；（b）原理图

图中 D1、D2、D3 等若干个光电倍增极（又称二次发射极），涂有光敏物质。工作时，这些电极的电位是逐级增高的，当光线照射到光电阴极后，它产生的光电子受第一级倍增极 D1 正电位作用，加速并打在这个倍增极上，产生二次发射；由第一倍增极 D1 产生的二次发射电子，在更高电位的 D2 极作用下，又将加速入射到电极 D2 上，在 D2 极上又将产生二次发射，这样逐级前进，一直到达阳极 A 为止。相邻极间通常加上 100V 左右的电压，其电位逐级升高，阴极电位最低，阳极电位最高，两者之间之差一般在600～1200V。

（2）基于内光电效应的光电元件有光敏电阻、光敏二极管、光敏三极管。

1）光敏电阻。半导体材料受光照后，阻值会发生变化，光照越强，光生电子—空穴对就越多，阻值就越低。入射光消失，电子—空穴对逐渐符合，电阻逐渐恢复原值。根据这一特点，在半导体材料两端装上电极引线，将其封装在带有透明窗的管壳里构成光敏电阻。光敏电阻的结构、外形及电路符号如图 5-3 所示。为了增加灵敏度，两电极常做成梳状。

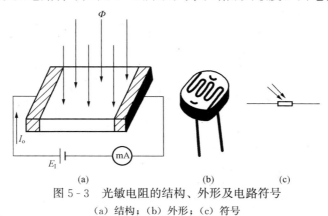

图 5-3　光敏电阻的结构、外形及电路符号

(a) 结构；(b) 外形；(c) 符号

光敏电阻具有灵敏度高，可靠性好及光谱特性好，精度高、体积小、性能稳定、价格低廉等特点。因此，广泛应用于光探测和光自控领域。如：照相机、验钞机、石英钟、音乐杯、礼品盒、迷你小夜灯、光声控开关、路灯自动开关，以及各种光控动物玩具，光控灯饰灯具等方面。

2）光敏二极管。光敏二极管的结构与一般的二极管相似，其 PN 结对光敏感。将其 PN 结装在管的顶部，上面有一个透镜制成的窗口，以便使光线集中在 PN 结上。当光照射在光敏二极管的 PN 结（又称耗尽层）上时，在 PN 结附近产生的电子—空穴对数量也随之增加，光电流也相应增大，光电流与照度成正比。光敏二极管的结构、符号与基本电路如图5-4所示。

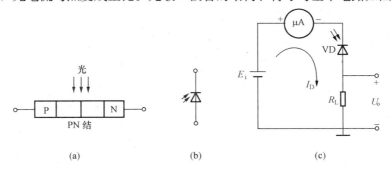

图 5-4　光敏二极管的结构、符号与基本电路

(a) 结构；(b) 符号；(c) 基本电路

　　光敏二极管在应用电路中必须反向偏置,否则流过它的电流就与普通二极管的正向电流一样,不受入射光的控制。光敏二极管工作(外加反向工作电压)在没有光照射时,反向电阻很大,反向电流很小,此时光敏二极管处于截止状态。当有光照射时,在 PN 结附近产生光生电子—空穴对,从而形成由 N 区指向 P 区的光电流,此时光敏二极管处于导通状态。当入射光的强度发生变化时,光生电子—空穴对的浓度也相应发生变化,因而通过光敏二极管的电流也随之发生变化,光敏二极管就实现了将光信号转变为电信号的输出。在家用电器、照相机中光敏二极管用来作自动测光器件。

　　3)光敏三极管。光敏三极管有 NPN 和 PNP 型两种,是一种相当于在基极和集电极之间接有光电二极管的普通晶体三极管,外形与光电二极管相似。光敏三极管工作原理与光敏二极管很相似。NPN 型光敏三极管的结构、符号及基本电路如图 5-5 所示。光敏三极管具有两个 PN 结。当光照射在基极-集电结上时,就会在集电结附近产生光生电子—空穴对,从而形成基极光电流。集电极电流是基极光电流的 β 倍。这一过程与普通三极管放大基极电流的作用很相似。所以光敏三极管放大了基极光电流,它的灵敏度比光敏二极管高出许多。

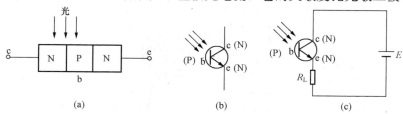

图 5-5　光敏三极管的结构、符号及基本电路
(a)结构;(b)符号;(c)基本电路

　　4)光电耦合器。光电耦合器件是由发光元件(如发光二极管)和光电接收元件合并使用,以光作为媒介传递信号的光电器件。光电耦合器中的发光元件通常是半导体的发光二极管,光电接收元件有光敏电阻、光敏二极管、光敏三极管或光敏复合管等。发光和接收元件都封装在一个外壳内,一般有金属封装和塑料封装两种。根据其结构和用途不同,又可分为用于实现电隔离的光电耦合器和用于检测有无物体的光电开关。如图 5-6 所示为光敏三极管和达林顿光敏管输出型的光电耦合器。

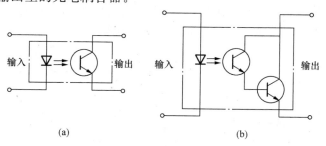

图 5-6　光电耦合器
(a)光敏三极管输出;(b)达林顿光敏管输出

　　(3)基于光生伏特效应的光电元件。基于光生伏特效应的光电元件主要是光电池。光电池是一种直接将光能转换为电能的光电器件,是一种自发电型的光电传感器。光电池的结

构、符号及电路如图 5-7 所示。在大面积的 N 型衬底上制造一薄层 P 型层作为光照敏感面。当入射光子的能量足够大时，P 型区每吸收一个光子就产生一对光生电子—空穴对，光电池内电场使扩散到 PN 结附近的电子—空穴对分离，电子通过漂移运动被拉到 N 型区，空穴留在 P 区，因此 N 区带负电，P 区带正电。PN 结两侧就有一个稳定的光生电动势输出，PN 结又称空间电荷区。

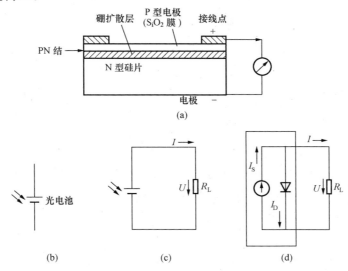

图 5-7　光电池的结构、符号及电路
(a) 结构；(b) 符号；(c) 基本电路；(d) 等效电路

3. 光电传感器的应用

光电传感器的最大特点是非接触式测量。

(1) 光源本身是被测物，被测物发出的光投射到光电元件上，光电元件的输出反映了光源的某些物理参数，如图 5-8 (a) 所示。典型的例子有光电高温比色温度计、光照度计、照相机曝光量控制等。

(2) 恒光源发射的光通量穿过被测物，一部分由被测物吸收，剩余部分投射到光电元件上，吸收量决定于被测物的某些参数，如图 5-8 (b) 所示，典型例子有透明度计、浊度计等。

(3) 恒光源发出的光通量投射到被测物上，然后从被测物表面反射到光电元件上，光电元件的输出反映了被测物的某些参数，如图 5-8 (c) 所示。典型的例子有用反射式光电法测转速、测量工件表面粗糙度、纸张的白度等。

(4) 恒光源发出的光通量在到达光电元件的途中遇到被测物，照射到光电元件上的光通量被遮蔽掉一部分，光电元件的输出反映了被测物的尺寸，如图 5-8 (d) 所示。典型的例子有振动测量、工件尺寸测量等。

4. 光电式传感器测转速

光电转速传感器有直射式光电转速传感器和反射式光电传感器两种。

(1) 直射式光电转速传感器的结构如图 5-9 所示。

直射式光电转速传感器由开孔转盘、光源、光敏元件及缝隙板等组成。开孔圆盘的输入

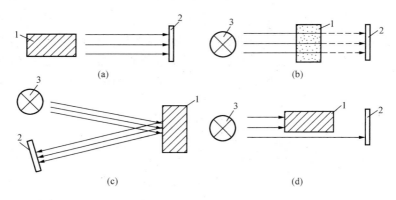

图 5-8 光电传感器应用示意图

（a）光源被是测物；（b）光穿过被测物；（c）被测物反射光；（d）被测物遮挡光

1—被测物；2—光电元件；3—恒光源

轴与被测轴相连接，光源发出的光，通过开孔圆盘和缝隙板照射到光敏元件上被光敏元件所接收，将光信号转为电信号输出。开孔圆盘上有许多小孔，开孔圆盘旋转一周，光敏元件输出的电脉冲个数等于圆盘的开孔数，因此，可通过测量光敏元件输出的脉冲频率，得知被测转速，即

$$n = \frac{f}{N} \tag{5-2}$$

式中　n——转速；

　　　f——脉冲频率；

　　　N——圆盘开孔数。

（2）反射式光电传感器的工作原理如图 5-10 所示。

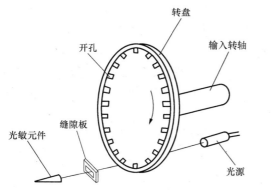

图 5-9　直射式光电转速传感器的结构图

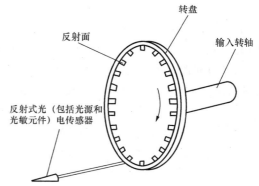

图 5-10　反射式光电转速传感器的结构图

反射式光电传感器主要由被测旋转部件、反射面（或反光贴纸）、反射式光电传感器组成，在可以进行精确定位的情况下，在被测部件上对称安装多个反光片或反光贴纸会取得较好的测量效果。由于测试距离近且测试要求不高，仅在被测部件上只安装了一片反光贴纸，因此，当旋转部件上的反光贴纸通过光电传感器前时，光电传感器的输出就会跳变一次。通过测出这个跳变频率 f，就可知道转速 n，即

$$n = f \qquad\qquad (5-3)$$

如果在被测部件上对称安装多个反光片或反光贴纸，那么，$n = \dfrac{f}{N}$。N 为反光片或反光贴纸的数量。

5. 光电传感器的其他应用实例

光电传感器除了用于测量转速外，还可由于检测温度、带材跑偏程度、光电开关、液体的浊度等。光电式浊度计测量浊度的原理图如图 5-11 所示。

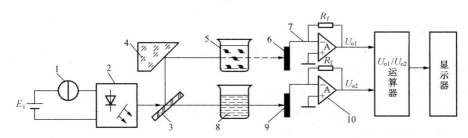

图 5-11　光电式浊度计原理图

1—恒流源；2—半导体激光器；3—半反半透镜；4—反射镜；5—被测水样；

6、9—光电池；7、10—电流/电压转换器；8—标准水样

光源发出的光线经半反半透镜分成两束相等的光线；一束光线直接到达光电池，产生作为被测水样浊度的参比信号；另一束光线穿过被测样品水到达光电池，其中一部分光线被样品介质吸收，样品水越混浊，光线的衰减量越大，到达光电池的光通量就越小。两路光信号均转换成电压信号 U_{o1}、U_{o2}，由运算电路计算出 U_{o1}、U_{o2} 的比值，并进一步算出被测水样的浊度。

采用半反半透镜及光电池作为参比通道的好处是：当光源的光通量由干种种原因有所变化域环境温度变化引起光电池灵敏度发生改变时，由于两个通道的结构完全一样，因此在最后运算 U_{o1}、U_{o2} 值时，上述误差可自动抵消，减小了测量误差。

5.2.2　光纤传感器

光导纤维传感器简称光纤传感器（Fiber Optical Sensor，FOS）。是 20 世纪 70 年代中期发展起来的一种基于光导纤维的新型传感器。由于其具有灵敏度高、电绝缘性能好、抗电磁干扰、耐腐蚀、耐高温、体积小、质量轻、非侵入性、容易实现对被测信号的远距离监控等优点，因而广泛应用于机械、电子、仪器仪表、航空、航天、石油、化工、生物医学、环保、电力、冶金、交通运输、轻纺、食品、军事、生产过程自动控制、在线检测、故障诊断、安全报警等领域，可进行位移、速度、压力、温度、液位、流量、水声、电流、磁场、放射性射线等物理量的测量。到目前为止，已相继研制出数十种不同类型的光纤传感器。

1. 光纤传感元件

光纤是用光透射率高的电介质（如石英、玻璃、塑料等）构成的光通路。光纤的结构如图 5-12 所示，光纤由折射 n_1 率较大（光密介质）的纤芯，和折射率 n_2 较小（光疏介质）的包层构成的双层同心圆柱结构。

入射到光纤中的光被限制在光纤中，由于光纤内芯的折射率 n_1 大于包层的折射率 n_2，因此在 2θ 之间的入射光除了在玻璃中吸收和散射之外大部分在界面上经多次反射以锯齿形的路线被传送到很远的地方，在光线末端，以与入射角相等的出射角射出光纤。

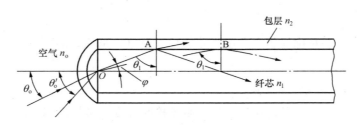

图 5-12　光纤的结构

2. 光纤传感器

光纤传感器是一种把被测量的状态转变为可测的光信号的装置。光纤传感器系统包括了光源、光纤、传感头、光探测器和信号处理电路等 5 个部分。

光源相当于一个信号源，负责信号的发射；光纤是传输媒质，负责信号的传输；传感头感知外界信息，相当于调制器；光探测器负责信号转换，将光纤送来的光信号转换成电信号；信号处理电路的功能是还原外界信息，相当于解调器。

由光源发出的光经光纤引导至敏感元件。此时，光的某一性质受到被测量的调制，已调光经接收光纤耦合到光接收器，使光信号变为电信号，经信号处理得到所期待的被测量。

3. 光纤传感器的性能特点

与传统的传感器相比，光纤传感器的主要特点有：

（1）抗电磁干扰，电绝缘，耐腐蚀，耐高压，本质安全，在易燃环境下安全可靠。由于光纤传感器是利用光波传输信息，而光纤又是电绝缘、耐腐蚀的传输媒质，不怕强电磁干扰，也不影响外界的电磁场，安全可靠，因此在各种大型机电、石油化工、冶金高压、强电磁干扰、易燃、易爆、强腐蚀环境能方便而有效地传感。

（2）灵敏度高。利用长光纤和光波干涉技术使有些种类的光纤传感器的灵敏度优于一般的传感器。其中有的已由理论证明，有的已经实验验证，如测量水声、加速度、辐射、温度、磁场等物理量的光纤传感器。

（3）重量轻，体积小，外形可变。光纤除具有重量轻、体积小的特点外，可挠曲，几何形状具有多方面的适应性，因此利用光纤可制成外形各异、尺寸不同的各种光纤传感器，有利于航空、航天及狭窄空间的应用。

（4）测量对象广泛。目前已有性能不同的测量温度、压力、位移、速度、加速度、液面、流量、振动、水声、电流、电场、磁场、电压、杂质含量、液体浓度、核辐射等各种物理种化学参数的光纤传感器在现场使用，有些种类的光纤传感器可与光纤遥测技术相配合，实现远距离测量和控制。

（5）频带宽，测量动态范围大。

（6）对被测介质影响小，有利于在医药生物领域的应用。

（7）便于复用，便于成网。由光纤传感器组成的光纤传感系统便于与计算机相连接，响应快，能实时、在线测量和自动控制，有利于与现有光通信技术组成遥测网和光纤传感网络。

（8）成本低。有些种类的光纤传感器的成本将大大低于现有同类传感器。

4. 光纤传感器的类型

光纤传感器一般可分功能型传感器、非功能型传感器、拾光型传感器三大类。

(1) 功能型传感器（Function Fiber Optic Sensor），又称 FF 型光纤传感器。是利用对外界信息具有敏感能力和检测能力的光纤（或特殊光纤）作传感元件，将"传"和"感"合为一体的传感器。功能型传感器不仅利用光纤起传光作用，还利用光纤在外界因素（弯曲、相变）的作用下的光学特性（光强、相位、偏振态等）变化来实现"传"和"感"的功能。因此，传感器中光纤是连续的，由于光纤连续，增加其长度，可提高灵敏度。

(2) 非功能型传感器（Non-Function Fiber Optic Sensor），又称 NF 型光纤传感器。非功能型传感器光纤仅起导光作用，只"传"不"感"，对外界信息的"感觉"功能依靠其他物理性质的功能元件完成，光纤不连续。此类光纤传感器无需特殊光纤及其他特殊技术，比较容易实现，成本低。但灵敏度也较低，用于对灵敏度要求不太高的场合。

(3) 拾光型传感器，用光纤作为探头，接收由被测对象辐射的光或被其反射、散射的光。例如光纤激光多普勒速度计、辐射式光纤温度传感器等。

5. 光纤传感器测转速

图 5-13 所示为采用反射式光纤的位移传感器，反射式光纤位移传感器是一种传输型光纤传感器，一般用来测量转速。

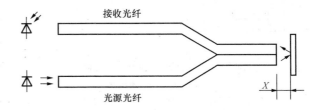

图 5-13　反射式光纤位移传感器原理

反射式光纤位移传感器由两束光纤组成半圆分布的 Y 型传感探头，一束光纤端部与光源相接用来传递发射光，另一束端部与光电转换器相接用来传递接收光，两光纤束混合后的端部是工作端即探头，当探头与被测体相距 x 时，由光源发出的光通过一束光纤射出后，经被测体反射由另一束光纤接收，通过光电转换器转换成电压，该电压的大小与间距 x 有关，因此可用于测量位移。

当转盘上放置多个反射面，利用光纤位移传感器在被测物的反射光强弱明显变化时所产生的相应信号，经电路处理转换成相应的脉冲信号即可测量转速。

5.2.3　磁电感应式传感器

磁电感应式传感器又称磁电式传感器，是利用电磁感应原理将被测量（如振动、位移、转速等）转换成电信号的一种传感器。磁电式传感器不需要辅助电源就能把被测对象的机械量转换成易于测量的电信号，是有源传感器。由于磁电式传感器输出功率大且性能稳定，具有一定的工作带宽（10～1000Hz），因此应用普遍。

1. 磁电式传感器工作原理

根据电磁感应定律，当 W 匝线圈在恒定磁场内运动时，设穿过线圈的磁通为 Φ，则线圈内的感应电势 E 与磁通变化率 $\dfrac{\mathrm{d}\Phi}{\mathrm{d}t}$ 的关系为

$$E = -W\frac{\mathrm{d}\Phi}{\mathrm{d}t} \tag{5-4}$$

根据电磁感应定律，可将磁电式传感器设计为变磁通式和恒磁通式两种结构。

(1) 图 5-14 所示为变磁通式磁电传感器，用来测量旋转物体的角速度。

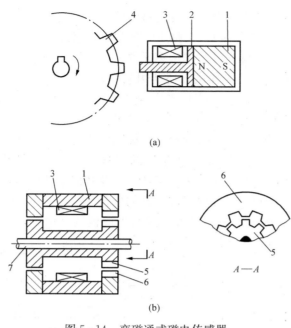

图 5 - 14　变磁通式磁电传感器

(a) 开磁路；(b) 闭磁路

1—永久磁铁；2—软磁铁；3—感应线圈；

4—测量齿轮；5—内齿轮；6—外齿轮；7—转轴

1) 图 5 - 14 (a) 所示为开磁路变磁通式磁电传感器，线圈、磁铁静止不动，测量齿轮安装在被测旋转体上，随旋转体一起转动。每转动一个齿，齿的凹凸引起磁路磁阻变化一次，磁通也就变化一次，线圈中产生感应电动势，其变化频率等于被测转速与测量齿轮齿数的乘积。开磁路变磁通式磁电传感器结构简单，但输出信号较小，且因高速轴上加装齿轮较危险，不宜测量高转速。

2) 图 5 - 14 (b) 所示为闭磁路变磁通式磁电传感器，由装在转轴上的内齿轮和外齿轮、永久磁铁和感应线圈组成，内外齿轮齿数相同。当转轴连接到被测转轴上时，外齿轮不动，内齿轮随被测轴而转动，内、外齿轮的相对转动使气隙磁阻产生周期性变化，从而引起磁路中磁通的变化，使线圈内产生周期性变化的感应电动势。显然，感应电动势的频率与被测转速成正比。

(2) 图 5 - 15 所示为恒磁通式磁电传感器典型结构。

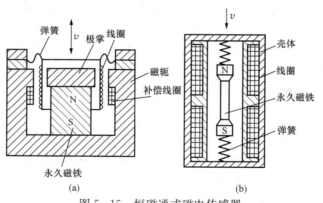

图 5 - 15　恒磁通式磁电传感器

(a) 动圈式；(b) 动铁式

　　恒磁通式磁电传感器由永久磁铁、线圈、弹簧、金属骨架等组成。磁路系统产生恒定的直流磁场，磁路中的工作气隙固定不变，因而气隙中磁通也是恒定不变的。其运动部件可以是线圈（动圈式），也可以是磁铁（动铁式），动圈式如图 5 - 15 (a) 所示，动铁式如图 5 - 15 (b)所示，两种传感器的工作原理是完全相同的。当壳体随被测振动体一起振动时，由于弹簧较软，运动部件质量相对较大。当振动频率足够高（远大于传感器固有频率）时，运动部件惯性很大，来不及随振动体一起振动，近乎静止不动，振动能量几乎全被弹簧

吸收，永久磁铁与线圈之间的相对运动速度接近于振动体振动速度，磁铁与线圈的相对运动切割磁力线，从而产生感应电动势为

$$E = -B_0 LWV \tag{5-5}$$

式中　B_0——工作气隙磁感应强度；

　　　L——每匝线圈平均长度；

　　　W——线圈在工作气隙磁场中的匝数；

　　　V——相对运动速度。

2. 磁电式传感器测转速

磁电式传感器测转速的安装示意图，如图 5-16 所示。

基于电磁感应定律，当一个 n 匝的线圈在穿过线圈的磁通量发生变化时，线圈中的感应电动势 $e = -n\dfrac{\mathrm{d}\phi}{\mathrm{d}t}$。因此在电机转盘上嵌入 N 个磁钢，并在磁钢上方放置一磁电式转速传感器（线圈），如图 5-16 所示。电机转盘每转一周，

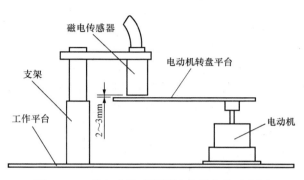

图 5-16　磁电式传感器测转速的安装示意图

线圈中的磁通量（$\mathrm{d}\Phi/\mathrm{d}t$）就发生了 N 次变化，而产生 N 次感应电动势 e，该电动势通过放大、整形和计数等电路即可以测量转速。

5.2.4　霍尔式传感器基本知识

霍尔式传感器是基于霍尔效应的一种传感器，其主要材料为 InSb（锑化铟）、InAs（砷化铟）、Ge（锗）、Si（硅）、GaAs（砷化镓）等。1879 年美国物理学家霍尔首先在金属材料中发现了霍尔效应，但由于金属材料的霍尔效应太弱而没有得到应用。随着半导体技术的发展，人们开始用半导体材料制成霍尔元件，由于霍尔效应显著而得到应用和发展。霍尔传感器具有体积小、成本低、灵敏度高、性能可靠、频率响应宽、动态范围大的特点，并可采用集成电路工艺，因此被广泛用于电磁、压力、加速度、振动等方面的测量。

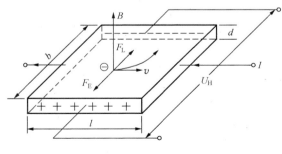

图 5-17　霍尔效应

1. 霍尔效应

一个半导体薄片，若在其两端通以控制电流 I，在薄片的垂直方向上施加磁感应强度为 B 的磁场，那么在薄片的另两侧会产生一个与控制电流 I 和磁感应强度 B 的乘积成比例的电动势 U_H，该电动势称霍尔电动势，该现象称为霍尔效应，该半导体薄片称为霍尔元件。如图 5-17 所示为霍尔效应的示意图。

霍尔效应的产生是由于运动电荷受磁场中洛仑兹力作用的结果。假设在 N 型半导体薄片上通以电流 I，如图 5-17 所示，则半导体中的载流子（电子）沿着和电流相反的方向运动（电子速度为 v）。由于在垂直于半导体薄片平面的方向上施加磁场 B，因此电子受到洛仑兹力 F_L 的作用，向一边偏转，并使该边形成电子积累；而另一边则为正电荷积累，于是

形成电场。该电场阻止运动电子的继续偏转。当电场作用在运动电子上的力 F_E 与洛仑兹力 F_L 相等时，电子的积累便达到动态平衡。在薄片两横断面之间建立电场，其对应的电动势称为霍尔电动势 U_H，其大小为

$$U_H = \frac{IB}{neh} = R_H \frac{IB}{d} = K_H IB \qquad (5\text{-}6)$$

式中　U_H——霍尔电势，V；

　　　R_H——霍尔系数，m^3/c；

　　　K_H——霍尔器件的灵敏度；

　　　B——电位磁感应强度，T；

　　　I——单位激励电流，A。

由式（5-5）可知，霍尔器件的灵敏度不仅与霍尔器件的材料有关，还与其尺寸有关。R_H 反映霍尔效应的强弱，由材料的物理性质决定。

另外，当外界磁场强度 B 和激励电流 I 中的一个量为常数，而另一个为输入量时，则输出霍尔电动势正比于 B 或 I。当 B 和 I 均为输入变量时，则输出霍尔电动势正比于 B 和 I 的乘积，这是霍尔效应的特点。

当 B 和 I 中的任意一个量发生方向上的变化时，则霍尔电动势的方向发生变化。当 B 和 I 同时发生方向变化时，则输出的霍尔电动势方向保持不变。

如果磁场方向与半导体薄片法线方向不垂直，其角度为 α 时，则霍尔电动势为

$$U_H = K_H IB \cos\alpha \qquad (5\text{-}7)$$

2. 霍尔元件的结构及测量电路

（1）基本结构。霍尔元件的结构很简单，如图 5-18 所示。由霍尔片、引线和壳体组成。霍尔片是一块矩形半导体薄片（尺寸一般为 4mm×2mm×0.1mm），在其四个侧面各有一个金属欧姆接触电极，分别焊接两对导线，如图 5-18（a）所示。导线 1、2 称为控制电流引线端，与之焊接的一对电极称为控制电极；导线 3、4 称为霍尔电势输出端，与之焊接的一对电极称为霍尔电极。在焊接处要求接触电阻小，而且呈纯电阻性质（欧姆接触）。霍尔片一般用非磁性金属、陶瓷或环氧树脂封装，典型的外形如图 5-18（b）所示。一般控制电流引线端以红色导线标记，霍尔电势输出端以绿色导线标记。霍尔元件在电路中常用图 5-18（c）所示的两种符号表示。

（2）测量电路。霍尔元件的基本电路如图 5-19 所示，激励电流 I 由电源 E 供给，R 为调节电阻，用来调节激励电流的大小。霍尔元件输出端接负载电阻 R_L，也可以是放大器的输入电阻或测量仪表的内阻等。

在实际使用中，可以把激励电流 I 或外磁场感应强度 B 作为输入信号，或同时将两者作为输入信号，而输出信号则正比于 I 或 B，或两者的乘积；由于建立霍尔

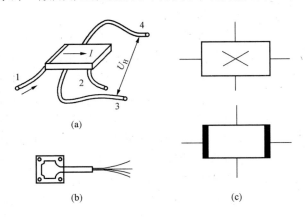

图 5-18　霍尔元件

（a）霍尔片；（b）外形；（c）符号

1、2—控制电流引线端；3、4—霍尔电热输出端

效应的时间很短，因此激励电流用交流时，频率可高达 10^9Hz 以上。霍尔元件的转换效率较低，实际应用中，为了获得较大的霍尔电压，可将几个霍尔元件的输出串联起来，如图 5-20 所示，在这种连接方法中，激励电流极应该是并联的，如果将其接成串联，霍尔元件将不能正常工作，虽然霍尔元件的串联可以增加输出电压，但其输出电阻也将增大。

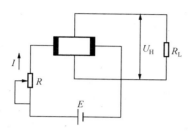

图 5-19　霍尔元件的基本电路

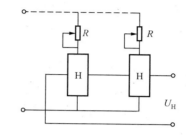

图 5-20　霍尔元件的串联

当霍尔元件的输出信号不够大时，也可采用运算放大器加以放大，如图 5-21 所示，目前最常用的还是将霍尔元件和放大电路做成一起的集成电路，因其具有较高的性价比。

3. 测量误差及误差的补偿

在实际使用中，存在着各种影响霍尔元件精度的因素，即在霍尔电动势中叠加着各种误差电势，这些误差电势产生的主要原因有两类：①由于制造工艺的缺陷；②由于半导体本身固有的特性。不等位电动势和温度是影响霍尔元件主要误差的两个因素。

（1）不等位电动势的产生及补偿。不等位电动势是一个主要的零位误差。造成不等位电动势的主要原因是在制作霍尔元件时，不可能保证将霍尔电极焊在同一等位面上，如图 5-22 所示。此外，霍尔元件材料的电阻率不均匀，霍尔片的厚度、宽度不一致，电极与片子的接触不良等也会产生不等位电动势。

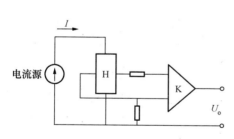

图 5-21　霍尔元件的放大电路

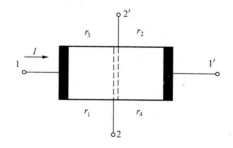

图 5-22　不等位电势示意图

在分析不等位电动势时，可以把霍尔元件等效为一个电桥，如图 5-23 所示。电桥的四个桥臂为 r_1、r_2、r_3、r_4。若两个霍尔电极在同一等位面上时，则 $r_1=r_2=r_3=r_4$，电桥平衡，输出电压 U_o 为零。当霍尔电极不在同一等位面上时，四个桥臂电阻不相等，电桥处于不平衡状态，输出电压 U_o 不为零。可见，补偿的方法就是让电桥平衡起来，一般情况下，采用补偿网络进行补偿，效果良好。

（2）温度补偿。霍尔元件是采用半导体材料制成的，

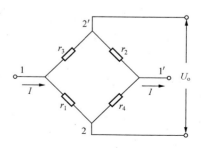

图 5-23　霍尔元件等效电路

因此许多参数都具有较大的温度系数。当温度变化时，霍尔元件的载流子浓度、迁移率、电阻率及霍尔系数都将发生变化，从而使霍尔元件产生温度误差。为了减小测量中的温度误差、除了选用温度系数小的霍尔元件，或采取一些恒温措施外，也可使用以下的一些温度补偿方法。

1) 采用恒流源提供控制电流和输入回路并联电阻。

2) 合理选择负载电阻。

3) 采用热敏电阻进行温度补偿。

4) 具有温度补偿及不等位电动势补偿的典型电路。

4. 集成霍尔传感器

集成霍尔传感器是利用硅集成电路工艺将霍尔元件和测量线路集成在一起的霍尔传感器。集成霍尔传感器消除了传感器和测量电路之间的界限，实现了材料、元件、电路三位一体。集成霍尔传感器由于减少了焊点，因此显著地提高了可靠性，具有体积小、重量轻、功耗低等优点。根据功能不同，集成霍尔器件有霍尔线性集成器件和霍尔开关集成器件两种。

(1) 线性集成霍尔传感器。线性集成霍尔传感器是把霍尔元件与放大线路集成在一起的传感器。其输出电压与外加磁场成线性比例关系。一般由霍尔元件、差分放大、射极跟随输出及稳压四部分组成，有三端 T 型单端输出和八脚双列直插型双端输出两种结构。

霍尔线性集成传感器广泛用于位置、力、重量、厚度、速度、磁场、电流等的测量或控制。较典型的线性型霍尔器件如 UGN3501 等。

(2) 开关型集成霍尔传感器。开关型集成霍尔传感器是把霍尔元件的输出经过处理后输出一个高电平或低电平的数字信号。霍尔开关电路又称霍尔数字电路，由稳压器、霍尔片、差分放大器，施密特触发器和输出级五部分组成。

较典型的开关型霍尔器件如 UGN3020 等，其外形、内部电路及特性如图 5-24 所示。

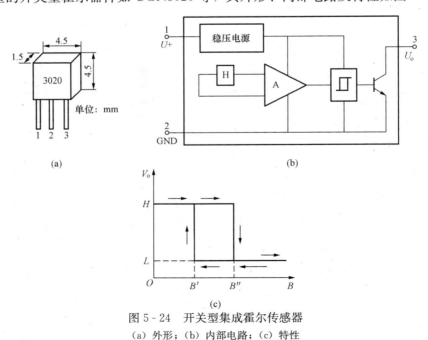

图 5-24　开关型集成霍尔传感器

(a) 外形；(b) 内部电路；(c) 特性

5. 霍尔传感器测转速

霍尔式转速计原理如图 5-25 所示。磁性转盘的输入轴与被测转轴相连，将霍尔元件移置旋转盘下边，让转盘上小磁铁形成的磁力线垂直穿过霍尔元件。当被测转轴转动时，磁性转盘随之转动，固定在转盘上的霍尔传感器便可在每一个小磁铁通过时产生一个相应的脉冲电压，检测出单位时间内脉冲电压的个数，便可知被测转轴的旋转速度，从而实现转速的检测。转盘上磁铁对数越多，传感器测速的分辨率就越高。

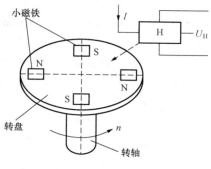

图 5-25 霍尔式转速计原理

6. 霍尔传感器的其他应用实例

霍尔传感器除了用于检测转速外、还可用于测量力、位移、振动等。

（1）位移检测。霍尔元件的控制电流恒定，而使霍尔元件在一个均匀的梯度磁场中沿 x 方向移动，如图 5-26 所示。霍尔电动势与磁感应强度 B 成正比，由于磁场在一定范围内沿 x 方向的变化 $\dfrac{\mathrm{d}B}{\mathrm{d}x}$ 为常数，因此元件沿 x 方向移动时，霍尔电势的变化为

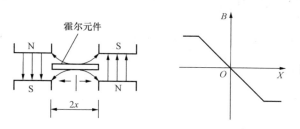

图 5-26 霍尔式位移传感器原理示意图

$$\frac{\mathrm{d}U_{\mathrm{H}}}{\mathrm{d}x} = K_{\mathrm{H}} I \frac{\mathrm{d}B}{\mathrm{d}x} \qquad (5-8)$$

将式（5-7）积分，可得

$$U_{\mathrm{H}} = Kx \qquad (5-9)$$

式（5-8）表明霍尔电势与位移成正比，电动势的极性表明了元件位移的方向。磁场梯度越大，灵敏度越高；磁场梯度越均匀，输出线性度就越好。

（2）霍尔式汽车点火器。传统的汽车点火装置是利用机械装置使触点闭合和打开，在点火线圈断开的瞬间，感应出高电压供火花塞点火。传统方法容易造成开关的触点产生磨损、氧化，使发动机性能变坏，也使发动机性能的提高受到限制。霍尔式汽车点火器具有无触点，节油，能适应恶劣的工作环境和较广的车速范围，启动性能好，便于微机控制等优点，目前得到广泛的应用。图 5-27 所示为霍尔汽车点火器的结构示意图。

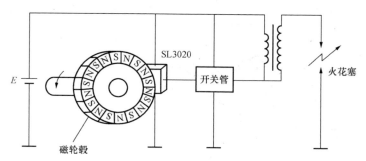

图 5-27 霍尔汽车点火器的结构示意图

图 5-27 中所示的霍尔传感器采用 SL3020，在磁轮鼓圆周上有永久磁铁和软铁制成的扼铁磁路，与霍尔传感器保持有适当的间隙。由于永久磁铁按磁性交替排列并等分嵌在磁轮鼓圆周上，因此当磁轮鼓转动时，磁铁的 N 极和 S 极便交替地在霍尔传感器的表面通过，霍尔传感器的输出端便输出一串脉冲信号。用这些脉冲信号被积分后去触发功率开关管，使它导通或截止，在点火线圈中便输出 15kV 的感应高电压，以点燃汽缸中的燃油，随之发动机开始转动。

采用霍尔传感器制成的汽车点火器和传统的汽车点火器相比具有很多优点，如由于无触点，因此无需维护，使用寿命长；由于点火能量大，汽缸中气体燃烧充分，排气对大气的污染明显减少；由于点火时间准确，可提高发动机的性能。

5.2.5　电容式传感器测转速

常用的测转速的电容式传感器，有变面积式和变介质式两种。

1. 变面积式电容传感器测转速

图 5-28 所示为变面积式电容传感器测转速的原理图，图中电容式转速传感器由两块固定金属板和与转动轴相连的可动金属板构成。可动金属板处于电容量最大的位置，当转动轴旋转 180°时处于电容量最小的位置。电容量的周期变化速率即为转速。可通过直流激励、交流激励和用可变电容构成振荡器的振荡槽路等方式得到转速的测量信号。

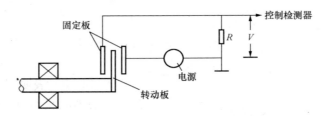

图 5-28　变面积式电容传感器测转速原理图

2. 变介质式电容传感器测转速

图 5-29 所示为变介质式电容传感器测转速的原理图，变介质式电容传感器是在电容器的两个固定电极板之间嵌入一块高介电常数的可动板而构成的。可动介质板与转动轴相连，随着转动轴的旋转，电容器板间的介电常数发生周期性变化而引起电容量的周期性变化，其速率等于转动轴的转速。图中齿轮外沿面作为电容器的动极板，当电容器定极板与齿顶相对时，电容量最大，而与齿隙相对时，电容量最小。因此，电容量的变化频率应与齿轮的转频成正比。

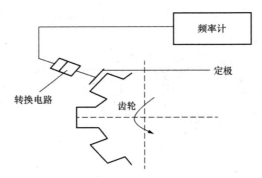

图 5-29　变介质式电容传感器测转速原理图

5.2.6　测速发电机

测速发电机是自动控制系统中的信号元件，可以把转速信号转换成电气信号。测速发电机有直流测速发电机和异步测速发电机两种。

（1）直流测速发电机是一种微型直流发电机，按励磁方式分为激式和永磁式两大类。在理想情况下，输出特性为一条直线，而实际上输出特性与直线有误差。引起误差的主要原因是：电枢反应的去磁作用，电刷与换向器的接触压降，电刷偏离几何中性线，温度的影响等。因此，在使用时必须注意发电机的转速不得超过规定的最高转速，负载电阻不小于给定值。在精度要求严格的场合，还需要对测速机进行温度补偿。纹波电压造成了输出电压不稳定，降低了测速发电机的精度。

（2）异步测速发电机的结构与空心杯转子交流伺服电动机完全相同。当异步测速发电机的励磁绕组产生的磁通保持不变，转子不转时输出电压为零，转子旋转时切割励磁磁通产生感应电动势和电流，建立横轴方向的磁通，在输出绕组中产生感应电动势，从而产生输出电压。输出电压的大小与转速成正比，但其频率与转速无关，等于电源的频率。理想的输出特性也是一条直线，但实际上并非如此。引起误差的主要原因是：磁通的大小和相位都随着转速而变化，负载阻抗的大小和性质，励磁电源的性能，温度及剩余电压，其中剩余电压是误差的主要部分。

表征异步测速发电机性能的主要技术指标有线性误差、相位误差和剩余电压。引起剩余电压的原因很多，如磁路不对称、气隙不均匀、输出绕组和励磁绕组在空间不是严格相差90°电角度、绕组匝间短路、铁芯片间短路、转子杯材料和厚度不均匀，以及寄生电容的存在等。在控制系统中，剩余电压的同相分量引起系统误差，正交和高次谐波分量将使放大器饱和。消除剩余电压的方法很多，除了改进电机的制造材料和工艺外，还可采用外接补偿装置。

在实际中为了提高异步测速发电机的性能通常采用四极电机。为了减小误差，应增大转子电阻和负载阻抗，减小励磁绕组和输出绕组的漏阻抗，提高励磁电源的频率（采用 400Hz的中频励磁电源）。使用时发电机的工作转速不应超过规定的转速范围。

为了满足控制系统的要求，对测速发电机的性能要求也越来越高。为此人们在普通测速发电机的基础上，研制出了永磁高灵敏度直流测速发电机和无刷直流测速发电机。测速发电机在自动控制系统中是一个非常重要的元件，可作为校正元件、阻尼元件、测量元件、解算元件和角加速度信号元件等。

5.2.7　智能转速表系列磁性转速传感器

智能转速传感器主要由上电自检电路、转速信号处理电路、显示电路与总线接口电路等组成。智能转速传感器具有上电自检功能，上电时电子模拟开关先拨到上电自检测电路，上电自检测电路产生一个固定频率的正弦波信号，ATmega128 首先测量出这个正弦波信号的频率，判断这个频率是否和其设定频率一致，如果一致则认为电路工作正常，将电子模拟开关拨到发动机转速信号，测量发动机的转速，并通过显示电路显示出来；若不一致则通过CAN 总线向控制器发出故障信号。其电路图如图 5-30 所示。

转速信号处理电路由钳位电路、放大电路、比较电路和光电隔离电路组成。当电子开关接转速信号输入端时，单片机对转速信号进行处理。采用两个二极管反向并联，将输入信号钳制在±0.7V 左右，这样可以防止当转速较高时，过高的输入信号将电路损坏。

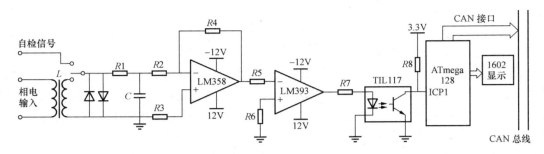

图 5-30　智能转速传感器电路图

由于所测发动机最高转速不超过 60 000r/min，所以利用电阻 R1 与电容 C 组成的低通滤
波电路，可以滤除高于 1kHZ 的杂信号。由 LM358 组成的反相放大器将输入信号放大 10
倍左右，使输入信号幅值到达±7V。利用 LM393 组成时滞比较电路，比较电路的比较基
准选为地，经过比较电路，转速信号变成了方波信号，这样可以有效防止波形不稳造成
的比较不准。选用光电隔电路 TIL117，将方波信号的幅值变为 0～3.3V，光电隔电路还
隔离了模拟电路与数字电路，增强了抗干扰能力。最后将信号接入单片机 ATmega128 的
ICP1 来实现转速测量。

5.3　项 目 实 施 过 程

5.3.1　工作计划

本项目是利用传感器实验室现有设备，运用霍尔传感器测转盘的转速。掌握霍尔传感器
工作原理，分析实验数据，了解传感器信号处理。项目工作计划如表 5-1 所示。

表 5-1　　　　　　　　　　霍尔传感器测量转盘的转速工作计划表

序号	内容	负责人	时间	工作要求	完成情况
1	研讨任务	全体组员		分析项目的控制要求	
2	制订计划	小组长		制定完整的工作计划	
3	讨论项目的原理	全体组员		理解霍尔传感器测量转速的工作原理及接线方法	
4	具体操作	全体组员		根据要求进行连线并记录数据	
5	效果检查	小组长		检查数据的正确性，分析结果	
6	评估	老师		根据小组完成情况进行评价	

5.3.2　方案分析

（1）分析霍尔组件产生脉冲的原理。

（2）根据记录的驱动电压和转速，作 V-RPM 曲线。

5.3.3　操作分析

实训内容与步骤。

（1）安装根据图 5-31，霍尔传感器已安装于传感器支架上，且霍尔组件正对着转盘上
的磁钢。

（2）将＋5V电源接到三源板上"霍尔"输出的电源端，"霍尔"输出接到频率/转速表（切换到测转速位置）。

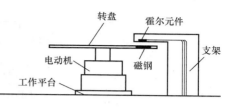

图5-31　霍尔传感器安装示意图

（3）打开实验台电源，选择不同电源＋4、＋6、＋8、＋10、12、16、20、24V驱动转动源，可以观察到转动源转速的变化，待转速稳定后记录相应驱动电压下得到的转速值。也可用示波器观测霍尔元件输出的脉冲波形。记下实验结果，填入表5-2。

表5-2　霍尔传感器测转盘转速的数据记录

电压（V）	＋4	＋6	＋8	＋10	＋12	＋16
转速（rpm）						

（4）根据记录的驱动电压和转速，作V-RPM曲线。

5.4　霍尔传感器测转速项目的检测与评估

5.4.1　检测方法

学生接线无误后可通电测量，根据测量数据查看实验结果，找出两组同学说明霍尔传感器测转速的原理，分析霍尔组件产生脉冲的原理。

5.4.2　评估策略

实验结束后，学生依据表5-3所示的霍尔传感器测转速评估表中的评分标准进行小组自评、互评打分。

教师在学生工作过程中，巡回检查指导，及时纠正电路接线错误、调试方法不对等问题。依据学生所出现的问题、完成时间、数据处理、工具使用、组织得当、分工合理等方面进行考核，记录成绩并对学生工作结果做出评价。评估内容如表5-3所示。

表5-3　霍尔传感器测转速评估表

班级		组号		姓名		学号		成绩	
评估项目		扣分标准						小计	
1. 信息收集能力（10分）		能根据任务要求收集速度传感器的相关资料不扣分							
		不主动收集资料扣4分							
		不收集资料的不得分							
2. 项目的原理（15分）		叙述霍尔传感器测量转速的工作原理准确的不扣分							
		叙述条理不清楚、不准确的每错一处扣2分							
3. 具体操作（20分）		接线正确、数据记录完整的不扣分							
		接线正确、数据记录不完整的扣5分							
		接线不正确扣10分							

班级			组号		姓名		学号		成绩	
评估项目			扣分标准						小计	
4. 数据处理（10分）			数据记录正确、分析正确的不扣分							
			数据记录正确、分析不完整的扣4分							
			数据记录不正确的扣7分							
5. 汇报表达能力（10分）			表达完整，条理清楚不扣分							
			表达不够完整，条理清楚扣4分							
			表达不完整，条理不清楚扣8分							
6. 考勤（10分）			出全勤、不迟到、不早退不扣分							
			不能按时上课每迟到或早退一次扣3分							
7. 学习态度（5分）			学习认真，及时预习复习不扣分							
			学习不认真不能按要求完成任务扣3分							
8. 安全意识（6分）			安全、规范操作							
9. 团结协作意识（4分）			能团结同学互相交流、分工协作完成任务							
10. 实训报告（10分）			按时、完整、正确的完成实训报告不扣分							
			按时完成实训报告，不完整、正确的扣3分							
			不能按时完成实训报告，不完整、有错误扣5分							

巩 固 与 练 习

一、选择题

1. 用遥控器调换电视机频道的过程，实际上就是传感器把光信号转化为电信号的过程。下列属于这类传感器的是_____。

    A. 红外报警装置　　　　　　　　　B. 走廊照明灯的声控开关

    C. 自动洗衣机中的压力传感装置　　D. 电饭煲中控制加热和保温的温控器

2. 光敏电阻、光敏二极管和光敏三极管利用_____制成的；光电池利用_____制成的；真空光电管、充气光电管和光电倍增管利用_____制成的。

    A. 压电效应　　　　B. 外光电效应　　　C. 磁电效应　　　　D. 内光电效应

    E. 光生伏特效应

3. 为了抑制干扰，常采用的电路有_____。

    A. A/D 转换器　　　B. D/A 转换器　　　C. 变压器耦合　　　D. 调谐电路

4. 由于热电光导摄像管的信号比可见光弱一个数量级，必须采用_____的前置放大器。

    A. 信噪比高　　　　B. 信噪比低　　　　C. 稳定性低　　　　D. 灵敏度很小

5. 公式 $E_H = K_H IB \cos q$ 中的角 q 是指_____。

    A. 磁力线与霍尔薄片平面之间的夹角

    B. 磁力线与霍尔元件内部电流方向的夹角

C. 磁力线与霍尔薄片的垂线之间的夹角

6. 光敏二极管属于_____，光电池属于_____。

A. 外光电效应　　　B. 内光电效应　　　C. 光生伏特效应

7. 光敏二极管在测光电路中应处于_____偏置状态，而光电池通常处于_____偏置状态。

A. 正向　　　　　B. 反向　　　　　C. 零

8. 温度上升，光敏电阻、光敏二极管、光敏三极管的暗电流_____。

A. 上升　　　　　B. 下降　　　　　C. 不变

9. 在光线作用下，半导体电导率增加的现象属于_____。

A. 外光电效应　　　B. 内光电效应　　　C. 光电发射

10. 封装在光电隔离耦合器内部的是_____。

A. 一个发光二极管和一个发光三极管

B. 一个光敏二极管和一个光敏三极管

C. 两个发光二极管或两个光敏三极管

D. 一个发光二极管和一个光敏三极管

二、问答题

1. 什么是光电效应？有哪几种？各有什么光电元件？

2. 什么是霍尔效应？霍尔电压与哪些因素有关？制作霍尔元件应采用什么材料？

3. 磁电传感器的基本原理是什么？

4. 简述光纤的结构和传光原理。

5. 测量转速的传感器有哪几种？

三、填空题与计算题

1. 图 5-32 所示为_____元件的基本测量电路，①和②是_____；③和④是_____；被测量是_____。

2. 用如图 5-33 所示的电磁继电器设计一个高温报警器，要求：正常情况绿灯亮，有险情时电铃报警。可供选择的器材如下：热敏电阻、绿灯泡、小电铃、学生用电源、继电器、滑动变阻器、开关、导线。

3. 列出三种测量旋转轴转速的方法，画图说明测量原理。设利用一个齿数为 z 的齿轮，频率计指示出频率值为 f，那么转速 n（r/min）为多少？

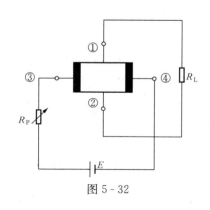

图 5-32

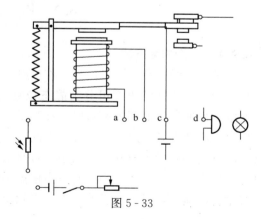

图 5-33

6 位 移 测 量

 知识目标

(1) 了解机械量测量的几种方法。
(2) 掌握几种位移测量传感器的结构、原理、特性。

技能目标

(1) 认识电容传感器、自感式、差动变压器传感器、光栅、超声波传感器、接近开关。
(2) 能读懂传感器性能指标说明书。
(3) 会选用传感器的方法和技巧，能组成测量系统。

6.1 位移测量项目说明

6.1.1 项目目的

(1) 掌握几种位移测量传感器的结构、原理、特性。
(2) 学会选用传感器的方法和技巧，能组成测量系统。

6.1.2 项目条件

传感器综合实验台（电容传感器、电容传感器模块、测微头、数显直流电压表、直流稳压电源、绝缘护套）。

6.1.3 项目内容及要求

通过基本知识学习和实际操作，能够根据某些具体要求选用合适的电容传感器组成位移测量系统，并对测量结果进行整理分析。

6.2 相 关 知 识

6.2.1 位移测量概述

机械工程中经常要求测量位移。位移测量从被测量的角度可分为线位移测量和角位移测量；从测量参数特性的角度可分为静态位移测量和动态位移测量。许多动态参数如力、扭矩、速度、加速度等的测量都是以位移测量为基础的。

位移是物体上某一点在一定方向上的位置变动，因此位移是矢量。测量方向与位移方向重合才能真实地测量出位移量的大小。若测量方向与位移方向不重合，则测量结果仅是该位移量在测量方向上的分量。测量时应当根据不同的测量对象选择测量点、测量方向和测量系统，其中传感器对测量精度影响很大，必须特别重视。

　　测量位移的方法很多，通过电测或者非电测的手段，将位移转换成模拟量或者数字量，根据测量原理的不同，一般可以分为下列几类：

　　（1）被测位移使传感器结构发生变化，把位移量转换成电量，如电位器式传感器、电容式传感器、电感式传感器、差动变压器式传感器、电涡流式传感器、霍尔式传感器等均能实现位移测量。

　　（2）利用某些功能材料的效应，如压电传感器、金属应变片、半导体应变片等，通过将小的位移转换成电荷或者应变阻值的变化，实现位移的测量。

　　（3）将位移量转换成数字量，光电式光栅和光电编码器；磁电式磁栅和感应同步器。

6.2.2　电容传感器

　　电容式传感器是把被测量的变化转换成电容量变化的一种传感器。广泛用于位移、振动、角度、加速度等机械量的精密测量，而且还逐步地扩大到用于压力、差压、液位、物位或成分含量等方面的测量。

　　1. 工作原理

　　平板电容传感器如图 6-1 所示。

　　电容传感器的基本理想公式为

$$C = \frac{\varepsilon A}{d} = \frac{\varepsilon_0 \varepsilon_r A}{d}$$

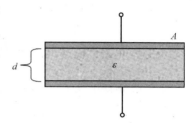

图 6-1　平板电容传感器

$$\varepsilon = \varepsilon_0 \varepsilon_r \qquad\qquad (6-1)$$

式中　ε——电容极板间介质的介电常数；

　　　ε_0——真空介电常数；

　　　ε_r——极板间介质相对介电常数；

　　　A——两平行板所覆盖的面积；

　　　d——两平行板之间的距离。

　　通过改变 A、d、ε 三个参量中的任意一个量，均可使平板电容的电容量 C 发生改变，测出位移。

　　固定三个参量中的两个，可以做成三种类型的电容传感器即变间隙型、变面积型和变介电常数型。

　　2. 电容传感器的结构类型

　　（1）变间隙型电容传感器。变间隙式电容传感器的原理如图 6-2 所示。

　　当动极板受被测物体作用引起位移时，改变了两极板之间的距离 d，从而使电容量发生变化。

　　（2）变面积型电容传感器。变面积型电容传感器的原理如图 6-3 所示。

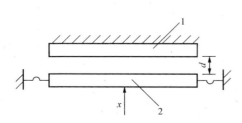

图 6-2　变间隙式电容传感器原理
1—定极板；2—动极板

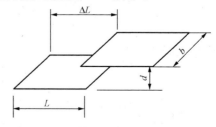

图 6-3　变面积型电容传感器原理

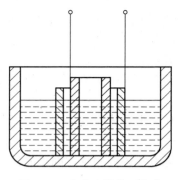

图 6-4　变介电常数型电容
传感器原理

图中上极板可以左右移动，称为动极板。下极板为固定不动，称为定极板。当动极板移动时，两极板的距离 A 发生改变，从而引起电容量变化。

（3）变介电常数型电容传感器。因各种介质的相对介电常数不同，在电容器两极板间插入不同介质时，电容器的电容量也就不同。该传感器可用来测量物位或液位，也可测量位移如图 6-4 所示。

两平行电极固定不动，电介质以不同深度插入电容器中，从而改变两种介质的极板覆盖面积。

3. 电容传感器的测量电路

电容式传感器中电容值及电容变化值都非常小，不能直接由显示仪表显示，也很难为记录仪所接受，不便于传输。因此必须借助于测量电路检出这一微小电容增量，并将其转换成与其成单值函数关系的电压、电流或者频率。

常见的测量电路有：调频电路、运算放大器式电路、二极管双 T 型交流电桥、电桥测量电路、脉冲宽度调制电路、测量电路类型。

（1）调频电路。调频电路是将电容传感器作为 LC 振荡器谐振回路的一部分。电路框图如图 6-5 所示。

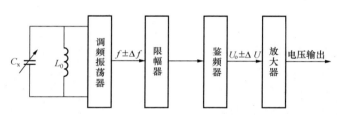

图 6-5　调频电路框图

当电容改变时电容 C_x 与电感 L_0 并联所产生的振荡频率即发生变化，此变化经振荡器后产生变化的振荡电压 ΔU 及变化的振荡频率 Δf，再经限幅放大器过滤掉电压，输出变化的频率 Δf，最后经鉴频器输出相应的变化电压值 ΔU。

（2）运算放大电路。运算放大电路如图 6-6 所示。

电路的输出电压为

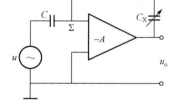

图 6-6　运算放大电路

$$u_0 = -\frac{\frac{1}{j\omega C_x}}{\frac{1}{j\omega C}} u = -\frac{C}{C_x} u \qquad (6-2)$$

由式（6-2）可得

$$u_0 = -\frac{uC}{\varepsilon A} d \qquad (6-3)$$

运放输出电压与极板间距 d 成正比，从原理上保证了变极距型电容式传感器的线性问题。但前提是假设放大器开环放大倍数 $A = \infty$，输入阻抗 $Z_i = \infty$，因此仍然存在一定的非线性误差，但一般 A 和 Z_i 足够大，该误差很小。

4. 电容传感器应用

（1）电容液位计。如图6-7所示，棒状电极（金属管）外面包裹聚四氟乙烯套管，当被测液体的液面上升时，引起棒状电极与导电液体之间的电容变大，通过测量电容变化得到被测液体的液面高度。

（2）加速传感器。加速度传感器以微细加工技术为基础，既能测量交变加速度（振动），也可测量惯性力或重力加速度。

图6-7　电容液位计

其工作电压为$2.7\sim5.25V$，加速度测量范围为数个g，可输出与加速度成正比的电压也可输出占空比正比于加速度的PWM脉冲。几种常用加速器如图6-8所示。

 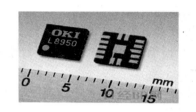 

图6-8　几种加速传感器

6.2.3　电感传感器

1. 电感传感器工作原理

利用线圈自感或互感的变化实现非电量。电感传感器可以直接测量直线位移和角位移，还可以通过一定的敏感元件把振动、压力、应变、流量和比重等转换成位移量的参数进行检测。

2. 电感传感器的特点及种类

电感传感器的优点是结构简单、工作可靠、测量力小；灵敏度高；输出功率大；测量范围宽、重复性好、线性度优良。缺点是频率响应差，存在交流零位误差，不宜用于快速动作测量。

根据转换原理，电感传感器分为自感式和互感式两种。实际中采用的电感传感器通常指自感式传感器。而互感式传感器是利用变压器原理，往往做成差动式，故常称为差动变压器式传感器。

3. 自感传感器

根据结构形式不同，自感式传感器分为变隙式、螺线管式两种。

（1）变隙式自感式传感器。变隙式自感式传感器由线圈、铁芯和衔铁三部分组成如图6-9所示。铁芯和衔铁由导磁材料制成。在铁芯和衔铁之间有气隙，传感器的运动部分与衔铁相连。当衔铁移动时，气隙厚度δ发生改变，引起磁路中磁阻变化，从而导致电感线圈的电感值变化，因此只要能测出这种电感量的变化，就能确定衔铁位移量的大小和方向。

为了减小非线性误差，实际测量中广泛采用差动变隙式电感传感器，如图6-10所示。

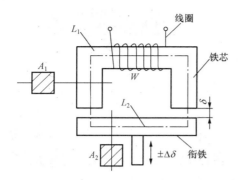

图 6-9　变隙式自感式传感器工作原理图

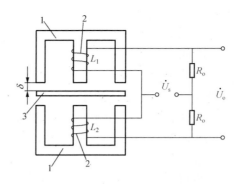

图 6-10　差动变隙式电感传感器原理图
1—铁芯；2—线圈；3—衔铁

单线圈式与差动式变隙式电感传感器的区别：

①差动式变间隙电感传感器的灵敏度是单线圈式的两倍。

②差动式的非线性项（忽略高次项）；单线圈的非线性项（忽略高次项）；由于 $\Delta\delta/\delta_0 \ll 1$，因此，差动式的线性度得到明显改善。

（2）变螺线管式自感式传感器。变螺线管式自感式传感器通常采用差动式。优点是结构简单、装配容易、自由行程大，示值范围宽；缺点是灵敏度低，易受外部磁场干扰。

4. 差动变压器式传感器

把被测的非电量变化转换为线圈互感变化的传感器称为互感式传感器。该种传感器是根据变压器的基本原理制成的，并且次级绕组用差动形式连接，故称差动变压器式传感器。差动变压器式传感器有：变隙式、变面积式和螺线管式等结构形式。

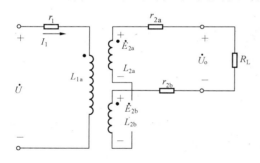

图 6-11　差动变压器式传感器等效电路

在非电量测量中，应用最多的是螺线管式差动变压器，可以测量 $1\sim100\mathrm{mm}$ 机械位移，并具有测量精度高、灵敏度高、结构简单、性能可靠等优点。

差动变压器式传感器的两个次级线圈反相串联，并且在忽略铁损、导磁体磁阻和线圈分布电容的理想条件下，其等效电路，如图 6-11 所示。

当初级绕组加以激励电压 U 时，根据变压器的工作原理，在两个次级绕组 W_{2a} 和 W_{2b} 中便会产生感应电动势 E_{2a} 和 E_{2b}。如果工艺上保证变压器结构完全对称，则当活动衔铁处于初始平衡位置时，必然会使两互感系数 $M_1 = M_2$。根据电磁感应原理，将有 $E_{2a} = E_{2b}$。由于变压器两次级绕组反相串联，因而 $U_o = E_{2a} - E_{2b} = 0$，即差动变压器输出电压为零。

当活动衔铁向上移动时，由于磁阻的影响，W_{2a} 中磁通将大于 W_{2b}，使 $M_1 > M_2$，因而 E_{2a} 增加，而 E_{2b} 减小。反之，E_{2b} 增加，E_{2a} 减小。因为 $U_o = E_{2a} - E_{2b}$，所以当 E_{2a}、E_{2b} 随着衔铁位移 x 变化时，U_o 也必将随 x 而变化。

当衔铁位于中心位置时，差动变压器输出电压并不等于零，把差动变压器在零位移时的输出电压称为零点残余电压，记作 ΔU_o，ΔU_o 的存在使传感器的输出特性不经过零点，造成实际特性与理论特性不完全一致。

6.2.4 光栅传感器

1. 光栅位移传感器的类型和结构

（1）光栅的结构。光栅的结构如图 6-12 所示。在镀膜玻璃上均匀刻制许多有明暗相间、等间距分布的细小条纹（又称为刻线），称为光栅。图 6-12 所示的 a 为栅线的宽度（不透光），b 为栅线间宽（透光），$a+b=W$ 称为光栅的栅距（也称光栅常数）。通常 $a=b=W/2$，也可刻成 $a:b=1.1:0.9$。目前常用的光栅每毫米刻成 25、50、100、125、250 条线条。

（2）光栅的类型。光栅种类很多，可分为物理光栅和计量光栅。而检测中常用计量光栅。

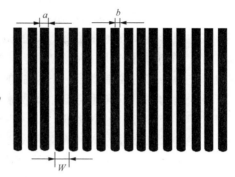

图 6-12　光栅的结构

计量光栅可分为透射式和反射式，均由光源、光栅副、光敏元件构成。透射式光栅一般是用光学玻璃做基体，在其上均匀的刻画出间隔、宽度相等的条纹，形成连续的透光区和不透光区。反射式光栅一般使用不锈钢作为基体，在其上用化学的方法制出黑白相间的条纹，形成反光区和不反光区。

计量光栅按形状还可分为长光栅和圆光栅。长光栅用于直线位移测量，圆光栅用于角位移测量。无论长光栅还是圆光栅，由于刻线很密，如果不进行光学放大，则不能直接用光敏元件来测量光栅移动所引起的光强变化，因此必须采用莫尔条纹来放大栅距。

2. 光栅位移传感器的工作原理

（1）工作原理。光栅位移传感器的工作原理图如图 6-13 所示。把两块栅距相等的光栅（光栅 1、光栅 2）叠合在一起，中间留有很小的间隙，并使两者的栅线之间形成一个很小的夹角 θ，这样就可以看到在近于垂直栅线方向上出现明暗相间的条纹，这些条纹叫莫尔条纹。在 d_1-d_2 线上，两块光栅的栅线重合，透光面积最大，形成条纹的亮带，亮带是由一系列四棱形图案构成的；在 f_1-f_2 线上，两块光栅的栅线错开，形成条纹的暗带，它是由一些黑色叉线图案组成的。因此莫尔条纹的形成是由两块光栅的遮光和透光效应形成的。

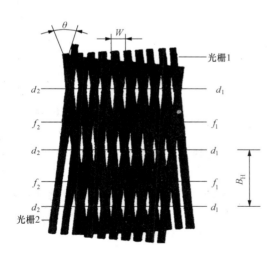

图 6-13　光栅位移传感器的工作原理

（2）辨向与细分。光栅读数头使位移量由非电量转换为电量，位移是向量，因而对位移量的测量除了确定大小之外，还应确定其方向。

为了辨别位移的方向，进一步提高测量的精度，以及实现数字显示的目的，必须把光栅读数头的输出信号送入数显表作进一步的处理。光栅数显表由整形放大电路、细分电路、辨向电路及数字显示电路等组成。

为了能够辨向，需要有相位差为 $\pi/2$ 的两个电信号。在相隔 $B_H/4$ 间距的位置上，放置两个光电元件 1 和 2，得到两个相位差 $\pi/2$ 的电信号 u_1 和 u_2（图中波形是消除直流分量后的交流分量），经过整形后得两个方波信号 u'_1 和 u'_2。

当光栅沿 A 方向移动时，u'_1 经微分电路后产生的脉冲，正好发生在 u'_2 的"1"电平时，从而经 Y_1 输出一个计数脉冲；而 u'_1 经反相并微分后产生的脉冲，则与 u'_2 的"0"电平相遇，与门 Y_2 被阻塞，无脉冲输出。

在光栅沿—A 方向移动时，u'_1 的微分脉冲发生在 u'_2 为"0"电平时，与门 Y_1 无脉冲输出；而 u'_1 的反相微分脉冲则发生在 u'_2 的"1"电平时，与门 Y_2 输出一个计数脉冲 u'_2 的电平状态作为与门的控制信号，来控制在不同的移动方向时，u'_1 所产生的脉冲输出。这样就可以根据运动方向正确地给出加计数脉冲或减计数脉冲，再将其输入可逆计数器，实时显示出相对于某个参考点的位移量。

上述方法以移过的莫尔条纹的数量来确定位移量，其分辨率为光栅栅距。为了提高分辨率和测量比栅距更小的位移量，可采用细分技术。所谓细分，就是在莫尔条纹信号变化一个周期内，发出若干个脉冲，以减小脉冲当量，如一个周期内发出 n 个脉冲，即可使测量精度提高到 n 倍，而每个脉冲相当于原来栅距的 $1/n$。细分方法有机械细分和电子细分两类。

6.2.5　接近传感器

接近传感器是一种具有感知物体接近能力的器件，利用非接触式位移传感器来识别被测物体的接近程度，当接近距离达到设定值时，便输出开关信号。因此，接近传感器也称为接近开关。

1. 接近传感器的分类

（1）按原理分。可分为电感式、电涡流式、电容式、霍尔式、光电式、超声波式等。

（2）按结构分。可分为一体式、分离式、组合式等。

（3）按工作电压分。可分为直流型、交流型等。

（4）按输出引线分。可分为二线制、三线制、四线制等。

2. 接近传感器的选用原则

（1）按使用要求选择。

1）定位限位计数及逻辑控制。可选 JCK 系列电感传感器、JCL 系列霍尔接近开关、JCH 系列干簧式接近开关。

2）粉料、粒料及液位控制、塑料定位及计数。可选 JCE 系列电容传感器、JCG 系列光电开关。

3）判光标、判颜色运动边线定位及计数控制、定长控制。可选 JCG 系列光电开关。

（2）按动作距离选择。

1）对于机床等以导轨形式运动的部件，其平直度好，可选用动作距离小的电感式或接近开关。

2）对于传送带、送料车等，应选用动作距离大（5～12mm）的接近开关。

（3）按输出信号要求选择。

1）交流型可选用二线制。

2）直流型可选用三线制。

3）系统对接近开关状态不明确可选用四线制。

（4）按工作环境选择。

1）机床、自动化生产线、有油污或近高温的场合。不宜采用塑料外壳的接近开关。

2）现场有灰尘、有毒、有干扰的环境。可采用分离式接近开关（光电开关尽量避免在有灰尘的场合使用）。

3. 几种常用的接近传感器

（1）电容式接近传感器。电容式接近传感器是一个以电极为检测端的静电电容式接近开关，由高频振荡电路、检波电路、放大电路、整形电路及输出电路组成。当被检测物体接近检测电极时，由于检测电极加有电压，检测物体就会受到静电感应而产生极化现象。被测物体越靠近检测电路，检测电极的电荷就越多。由于检测电极的静电电容 $C=Q/U$，因此电荷的增多使电容随之增大，从而又使振荡电路的振荡减弱，甚至停止振荡。振荡电路的振荡与停振这两个状态被检测电路转换成开关信号后向外输出。

（2）电感式接近传感器。电感式接近传感器由高频振荡电路、检波电路、放大电路、整形电路及输出电路组成。检测用敏感元件为检测线圈，是振荡电路的一部分。在检测线圈的工作面上存在一个交变磁场，当金属物体接近检测线圈时，金属物体就会产生涡流而吸收振荡能量，从而使振荡电路的振荡减弱，甚至停止振荡。振荡电路的振荡与停振这两个状态被检测电路转换成开关信号后向外输出。

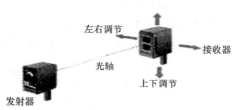

图 6 - 14　透射型 BYD3M. TDT
光电传感器

（3）光电开关。由光电断续器和控制器可组成，控制器将传感器输出的电信号进行处理，并作出相应的开关响应。光电开关可分为直射（透射）型和反射型两种，其结构有分离型和一体化两类，自带光源的称为主动型，利用外部光源检测的称为被动型。图 6 - 14 为透射型 BYD3M. TDT 光电传感器。

6.3　电容传感器测量位移实践操作

6.3.1　工作计划

查阅传感器实验室、自动化生产线实验室中的光栅传感器、接近开关的有关资料。并利用传感器实验台进行电容传感器测量位移的测试工作，见表 6 - 1。

表 6 - 1　　　　　　　　　　电容传感器测量位移工作计划表

序号	内容	负责人	时间	工作要求	完成情况
1	研讨任务	全体组员		分析项目的控制要求	
2	制订计划	小组长		制定完整的工作计划	
3	讨论项目的原理	全体组员		理解电容传感器测量位移的工作原理及接线方法	
4	具体操作	全体组员		根据要求进行连线并记录数据	
5	效果检查	小组长		检查数据的正确性，分析结果	
6	评估	老师		根据小组完成情况进行评价	

6.3.2　方案分析

电容式传感器是指能将被测物理量的变化转换为电容量变化的一种传感器。它实质上是具有一个可变参数的电容器。利用平板电容器原理

$$C = \frac{\varepsilon A}{d} = \frac{\varepsilon_0 \varepsilon_r A}{d}$$

式中　A——极板面积；

　　　d——极板间距离；

　　　ε_0——真空介电常数；

　　　ε_r——介质相对介电常数。

当被测物理量使 A、d 或 ε_r 发生变化时，电容量 C 随之发生改变，如果保持其中两个参数不变而仅改变另一参数，就可以将该参数的变化单值地转换为电容量的变化。因此电容传感器可以分为三种类型：改变极间距离的变间隙式，改变极板面积的变面积式和改变介质电常数的变介电常数式。这里采用变面积式。

6.3.3　操作分析

实验内容与步骤。

（1）按图 6-15 所示将电容传感器安装在电容传感器模块上，将传感器引线插入实验模块插座中。

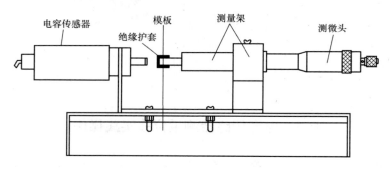

图 6-15　电容传感器安装示意图

（2）将电容传感器模块的输出 U_o 接到数显直流电压表。

（3）接入 ±15V 电源，合上主控台电源开关，将电容传感器调至中间位置，调节 R_w（R_w 确定后不能改动），使得数显直流电压表显示为 0（选择 2V 挡）。

（4）旋动测微头推进电容传感器的共享极板（下极板），每隔 0.2mm 记下位移量 x 与输出电压值 V 的变化，填入表 6-2。

表 6-2　　　　　　　　　　　　电容传感器测量位移数据记录表

x （mm）										
V （mV）											

根据表 6-2 的数据计算电容传感器的系统灵敏度 S 和非线性误差 δ_f。

6.4   电容式传感器的位移特性实验项目评价

6.4.1   检测方法

学生接线无误后可通电测量，根据记录结果，电容传感器的位移特性。找出俩组同学讲解和分析项目内容和结果。若实验结果偏离理论值过大，则实验有误，需要认真检测，找出错误，重新测量。

6.4.2   评估策略

实验结束后，学生依据表 6-3 所示的电容传感器测量位移项目评估表中的评分标准进行小组自评、互评打分。

教师在学生工作过程中，巡回检查指导，及时纠正电路接线错误、调试方法不对等问题。依据学生所出现的问题、完成时间、数据处理、工具使用、组织得当、分工合理等方面进行考核，记录成绩并对学生工作结果做出评价。评估内容如表 6-3 所示。

表 6-3   电容传感器测量位移项目的评价

班级		组号		姓名		学号		成绩	
评估项目		扣分标准						小计	
1. 信息收集能力（10 分）		能根据任务要求收集位移传感器的相关资料不扣分							
		不主动收集资料扣 4 分							
		不收集资料的不得分							
2. 项目的原理（15 分）		叙述电容传感器测量位移的工作原理准确的不扣分							
		叙述条理不清楚、不准确的每错一处扣 2 分							
3. 具体操作（20 分）		接线正确、数据记录完整的不扣分							
		接线正确、数据记录不完整的扣 5 分							
		接线不正确扣 10 分							
4. 数据处理（10 分）		数据记录正确、分析正确的不扣分							
		数据记录正确、分析不完整的扣 4 分							
		数据记录不正确的扣 7 分							
5. 汇报表达能力（10 分）		表达完整，条理清楚不扣分							
		表达不够完整，条理清楚扣 4 分							
		表达不完整，条理不清楚扣 8 分							
6. 考勤（10 分）		出全勤、不迟到、不早退不扣分							
		不能按时上课每迟到或早退一次扣 3 分							
7. 学习态度（5 分）		学习认真，及时预习复习不扣分							
		学习不认真不能按要求完成任务扣 3 分							
8. 安全意识（6 分）		安全、规范操作							
9. 团结协作意识（4 分）		能团结同学互相交流、分工协作完成任务							
10. 实训报告（10 分）		按时、完整、正确地完成实训报告不扣分							
		按时完成实训报告，不完整、正确的扣 3 分							
		不能按时完成实训报告，不完整、有错误扣 6 分							

巩 固 与 练 习

1. 影响差动变压器输出线性度和灵敏度的主要因素是什么？

2. 电涡流式传感器的灵敏度主要受哪些因素影响？它的主要优点是什么？

3. 光栅传感器的工作原理？

4. 莫尔条纹的特点？

5. 超声波发生器种类及其工作原理是什么？它们各自特点是什么？

6. 超声波有哪些传播特性？

7. 应用超声波传感器探测工件时，在探头与工件接触处要有一层耦合剂，请问这是为什么？

8. 根据你已学过的知识设计一个超声波探伤实用装置（画出原理框图），并简要说明它探伤的工作过程。

9. 什么是接近传感器？

10. 常见的接近开关有哪些？

11. 接近传感器的选用原则？

7 气体成分和湿度的测量

 知识目标

（1）掌握气敏、湿敏传感器的种类及选择。

（2）掌握气敏传感器的工作原理和应用条件。

技能目标

（1）了解气敏传感器、湿敏传感器的一些典型应用。

（2）构建可燃性气体检测电路并安装调试成功。

7.1 气体成分和湿度项目说明

7.1.1 项目目的

了解气敏传感器原理及应用。

7.1.2 项目条件

气敏传感器、直流稳压电源、酒精、棉球、数显单元、差动变压器实验模板。

7.1.3 项目内容及要求

（1）项目内容。湿敏传感器酒精测试项目。

（2）要求。

1）了解环境测量的方法。

2）掌握湿敏、气敏电阻的工作原理。

7.2 相 关 知 识

7.2.1 湿敏传感器

许多行业，如发电、纺织、食品、医药、仓储、农业等，对温度、湿度参量的要求都非常严格。目前，在低温条件下（通常指 100% 以下），湿度的测量已经相对成熟，有商品化产品，并广泛应用于相应行业。

另有一些行业需要在高温环境下测量湿度，如航空航天、机车舰船、发电变电、冶金矿山、计量科研、电厂、陶瓷、工业管道等，此外发酵环境实验箱、高温实验箱、高炉等场合也需测量湿度。通常高温环境下的湿度测量结果不如低温环境下的测量结果理想。另外，在恶劣条件下工作，例如气流速度、温度、湿度变化非常剧烈或测量污染严重的工业气体时，将使精度下降。

随着时代的发展，科研、农业、暖通、纺织、机房、航空航天、电力等工业部门，对产品质量的要求越来越高，对环境温、湿度的控制及对工业材料水分值的监测与分析也越来越严格。湿度传感器产品及湿度测量属于 90 年代兴起的行业。如何使用好湿度传感器，如何判断湿度传感器的性能，仍是一件较为复杂的技术问题。

湿敏元件是最简单的湿度传感器。湿敏元件主要有电阻式、电容式两大类。湿敏电阻的特点是在基片上覆盖一层用感湿材料制成的膜，当空气中的水蒸气吸附在感湿膜上时，元件的电阻率和电阻值都发生变化，利用这一特性即可测量湿度。湿敏电容一般是用高分子薄膜电容制成的，常用的高分子材料有聚苯乙烯、聚酰亚胺、酪酸醋酸纤维等。当环境湿度发生改变时，湿敏电容的介电常数发生变化，使其电容量也发生变化，其电容变化量与相对湿度成正比。

1. 湿度的基本概念

所谓湿度，是指大气中所含的水蒸气量。最常用的表示方法有两种，即绝对湿度和相对湿度。

（1）绝对湿度

绝对湿度是指一定大小空间中水蒸气的绝对含量，可用"kg/m^3"表示。绝对湿度也称水汽浓度或水汽密度。

绝对湿度也可用水的蒸汽压来表示。设空气的水汽密度为 p_v，与之相应的水蒸气分压为 p_v，根据理想气体状态方程，可以得出其关系式为

$$p_v = \frac{p_v m}{RT} \tag{7-1}$$

式中　m——水汽的摩尔质量；

　　　　R——摩尔气体普适常数；

　　　　T——绝对温度。

（2）相对湿度

在实际生活中，许多现象与湿度有关，如水分蒸发的快慢。然而除了与空气中水蒸气分压有关外，更主要的是和水蒸气分压与饱和蒸汽压的比值有关。因此有必要引入相对湿度的概念。

相对湿度为某一被测蒸汽压与相同温度下的饱和蒸汽压的比值的百分数，常用%RH 表示。这是一个无量纲的值。显然，绝对湿度给出了水分在空间的具体含量，相对湿度则给出了大气的潮湿程度，故使用更广泛。

$$H_r = (P_v/P_w)100\%RH \tag{7-2}$$

式中　P_v——待测气氛的水汽分压；

　　　　P_w——待测气氛温度相同时水的饱和水汽压。

（3）露点。在一定的大气压下，将含水蒸气的空气冷却，当降到某温度时，空气中的水蒸气达到饱和状态，开始从气态变成液态而凝结成露珠，这种现象称为结露，此时的温度称为露点或露点温度。如果这一特定温度低于 0℃，水汽将凝结成霜，此时称为霜点。通常对两者不予区分，统称为露点，其单位为℃。

（4）湿敏电阻主要参数。

1）湿度量程即感湿范围。理想情况为 0～100%RH；一般情况为 5%～95%RH。

2）感湿特性曲线及感湿特征量。湿度变化所引起的传感器的输出量称为感湿量。感湿特征量与环境湿度关系称为感湿特性曲线。

3）感湿灵敏度。在一定湿度范围内，相对湿度变化1%RH时，其感湿特征量的变化值或变化百分率。

2. 湿敏传感器工作原理及分类

湿敏传感器就是一种能将被测环境湿度转换成电信号的装置。主要由湿敏元件和转换电路两个部分组成，除此之外还包括一些辅助元件，如辅助电源、温度补偿、输出显示设备等。

（1）湿敏传感器的分类

湿度传感器基本形式都为利用湿敏材料对水分子的吸附能力或对水分子产生物理效应的方法测量湿度。有关湿度的测量，早在16世纪就有记载。许多古老的测量方法，如干湿球温度计、毛发湿度计和露点计等至今仍被广泛采用。现代工业技术要求高精度、高可靠和连续地测量湿度，因而陆续出现了种类繁多的湿敏元件。其分类如下所示：

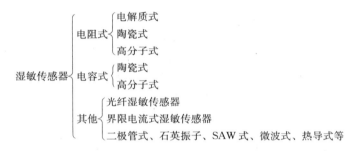

（2）常用湿敏传感器的工作原理。电阻式湿敏传感器是利用器件电阻值随湿度变化的基本原理来进行工作的，其感湿特征量为电阻值。根据使用感湿材料的不同，电阻式湿敏传感器可分为：电解质式、陶瓷式、高分子式。

1）电解质式（氯化锂）电阻湿敏传感器。氯化锂湿敏电阻是利用吸湿性盐类潮解，离子导电率发生变化而制成的测湿元件。由引线、基片、感湿层和电极组成如图7-1所示。氯化锂通常与聚乙烯醇组成混合体，在氯化锂（LiCl）溶液中，Li和Cl均以正负离子的形式存在，而Li$^+$对水分子的吸引力强，离子水合程度高，其溶液中的离子导电能力与浓度成正比。当溶液置于一定温湿场中，若环境相对湿度高，溶液将吸收水分，使浓度降低，因此，其溶液电阻率增高。反之，环境相对湿度变低时，则溶液浓度升高，其电阻率下降，从而实现对湿度的测量。氯化锂湿敏元件的电阻湿度特性曲线如图7-2所示。

由图7-1可知，在50%～80%相对湿度范围内，电阻与湿度的变化呈线性关系。为了扩大湿度测量的线性范围，可以将多个氯化锂（LiCl）含量不同的器件组合使用，如将测量范围分别为（10%～20%）RH、（20%～40%）RH、（40%～70%）RH、（70%～90%）RH和（80%～99%）RH五种器件配合使用，就可自动地转换完成整个湿度范围的湿度测量。

氯化锂湿敏元件的优点是滞后小，不受测试环境风速影响，检测精度高达±5%，但其耐热性差，不能用于露点以下测量，器件性能重复性差，使用寿命短。

2）半导体陶瓷湿敏电阻。半导体陶瓷湿敏电阻通常由两种以上的金属氧化物半导体材料混合烧结而成为多孔陶瓷组成。这些材料有ZnO-LiO$_2$-V$_2$O$_5$系、Si-Na$_2$O-V$_2$O$_5$系、

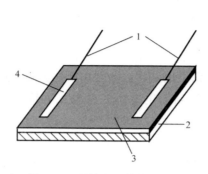

图7-1　湿敏电阻结构示意图

1—引线；2—基片；3—感湿层；4—电极

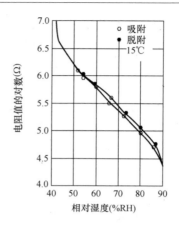

图7-2　氯化锂湿敏元件的电阻湿度特性曲线

TiO_2-MgO-Cr_2O_3 系、Fe_3O_4 等，前三种材料的电阻率随湿度增加而下降，故称为负特性湿敏半导体陶瓷，最后一种的电阻率随湿度增加而增大，故称为正特性湿敏半导体陶瓷。

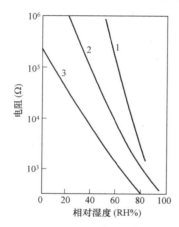

图7-3　几种负特性半导体陶瓷式湿敏传感器感湿特性

1—ZnO-LiO_2-V_2O_5 系；
2—Si-Na_2O-V_2O_5 系；
3—TiO_2-MgO-Cr_2O_3 系

a. 负特性湿敏半导陶瓷的导电机理。由于水分子中的氢原子具有很强的正电场，当水在半导瓷表面吸附时，就有可能从半导瓷表面俘获电子，使半导瓷表面带负电。如果该半导瓷是 P 型半导体，则由于水分子吸附使表面电势下降，将吸引更多的空穴到达其表面，其表面层的电阻下降。若该半导瓷为 N 型，则由于水分子的附着使表面电势下降，如果表面电势下降较多，不仅使表面层的电子耗尽，同时吸引更多的空穴达到表面层，有可能使到达表面层的空穴浓度大于电子浓度，出现所谓表面反型层，这些空穴称为反型载流子。反型载流子同样可以在表面迁移而表现出电导特性，使 N 型半导瓷材料的表面电阻下降。不论是 N 型还是 P 型半导体陶瓷，其电阻率都随湿度的增加而下降。图7-3 所示几种负特性半导体陶瓷式湿敏传感器感湿特性。

b. 正特性湿敏半导瓷的导电机理。正特性湿敏半导瓷材料的结构、电子能量状态与负特性材料有所不同。当水分子附着半导瓷的表面使电势变负时，导致其表面层电子浓度下降，但这还不足以使表面层的空穴浓度增加到出现反型程度，此时仍以电子导电为主。于是，表面电阻将由于电子浓度下降而加大，这类半导瓷材料的表面电阻将随湿度的增加而加大。通常湿敏半导瓷材料都是多孔的，表面电导占的比例很大，故表面层电阻的升高，必将引起总电阻值的明显升高。图7-4 所示为正特性半导体陶瓷式湿敏传感器感湿特性。

c. 半导体陶瓷湿度传感器。以 $MgCr2O_4$-TiO_2 湿敏传感器为例，$MgCr_2O_4$-TiO_2 湿敏传感器主要利用陶瓷烧结体微结晶表面在吸湿和脱湿过程中电极之间电阻的变化来检测相对湿度。如图7-5 所示，陶瓷片的两面，设置高金电极，并用掺金玻璃粉将引出线与金电极烧结在一起。在半导体陶瓷片的外面，安放一个由镍铅丝烧制两成的加热清洗圈，以便对元件进行经常加热清洗，排除有害气氛对元件的污染。元件安放在一种高度致密的、疏水性的陶瓷底片上。

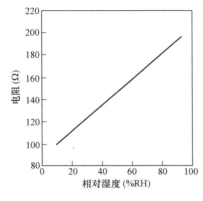

图 7 - 4　正特性半导体陶瓷式
湿敏传感器感湿特性

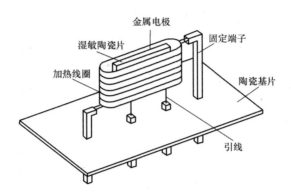

图 7 - 5　MgCr$_2$O$_4$-TiO$_2$ 湿敏传感器结构

陶瓷烧结体微结晶表面对水分子进行吸湿或脱湿时，引起电极间电阻值随相对湿度成指数变化，从而湿度信息转化为电信号。

显然，这类传感器适合于高温和高湿环境中使用，也是目前在高温环境中测湿的少数有效传感器之一。

3）高分子式电阻湿敏传感器。利用高分子电解质吸湿而导致电阻率发生变化的基本原理来进行测量的。

当水吸附在强极性基高分子上时，随着湿度的增加吸附量增大，吸附水之间凝聚化呈液态水状态。在低湿吸附量少的情况下，由于没有荷电离子产生，电阻值很高；当相对湿度增加时，凝聚化的吸附水就成为导电通道，高分子电解质的成对离子主要起载流子作用。此外，由吸附水自身离解出来的质子（H$^+$）及水和氢离子（H$_3$O$^+$）也起

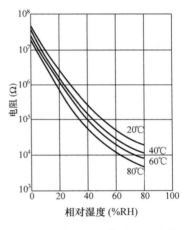

图 7 - 6　陶瓷湿度传感器的结构
相对湿度与电阻的关系

电荷载流子作用，这就使得载流子数目急剧增加，传感器的电阻急剧下降。利用高分子电解质在不同湿度条件下电离产生的导电离子数量不等使阻值发生变化，就可以测定环境中的湿度。高分子式电阻湿敏传感器测量湿度范围大，工作温度在 0～50℃，响应时间短（小于30s），可作为湿度检测和控制用。陶瓷湿度传感器的结构相对湿度与电阻的关系如图 7 - 6所示。

3. 湿敏传感器的应用

湿度传感器广泛应用于气象、军事、工业（特别是纺织、电子、食品、烟草工业）、农业、医疗、建筑、家用电器及日常生活等各种场合的湿度监测、控制与报警。

（1）自动去湿器。自动去湿器如图 7 - 7 所示。

（2）房间湿度控制器。房间湿度控制器如图 7 - 8 所示。

7.2.2　气敏传感器

1. 气敏传感器及分类

气敏传感器主要用于工业上天然气、煤气、石油化工等部门的易燃、易爆、有毒、有害

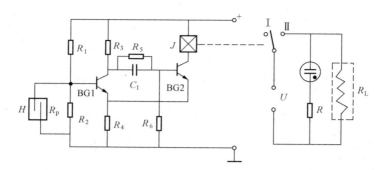

图 7-7　自动去湿器

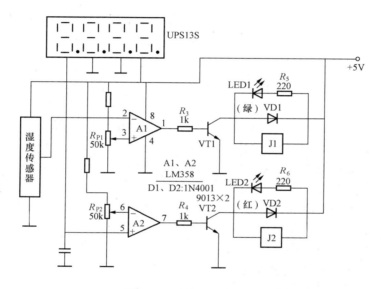

图 7-8　房间湿度控制器

气体的监测、预报和自动控制，气敏元件是以化学物质的成分为检测参数的化学敏感元件。

气敏传感器的材料是金属氧化物半导体（分 P 型如氧化锡和 N 型如氧化钴），合成材料有时还渗入了催化剂，如钯（Pd）、铂（Pt）、银（Ag）等。气敏传感器分类如表 7-1 所示。

表 7-1　　　　　　　　　　　　　　　气敏传感器的分类

	主要物理特性	类型	检测气体	气敏元件
电阻型	电阻	表面控制型	可燃性气体	SnO_2、ZnO 等的烧结体、薄膜、厚膜
		体控制型	酒精	氧化镁，SnO_2
			可燃性气体	氧化钛（烧结体）
			氧气	$T-Fe_2O_3$
非电阻型	二极管整流特性	表面控制型	氢气	铂—硫化镉
			一氧化碳	铂—氧化钛
			酒精	（金属—半导体结型二极管）
	晶体管特性		氢气、硫化氢	铂栅、钯栅 MOS 场效应管

气敏传感器是暴露在各种成分的气体中使用的，由于检测现场温度、湿度的变化很大，又存在大量粉尘和油雾等，所以其工作条件较恶劣，而且气体对传感元件的材料会产生化学反应物，附着在元件表面，往往会使其性能变差。因此，对气敏元件有下列要求：能长期稳定工作，重复性好，响应速度快，共存物质产生的影响小等。

2. 气敏传感器的工作原理

(1) 电阻型半导体气敏传感器。

1) 结构。图 7-9 (a) 所示为烧结型气敏器件。该类器件以 SnO_2 半导体材料为基体，将铂电极和加热丝埋入 SnO_2 材料中，用加热、加压在温度为 700~900℃ 的制陶工艺烧结成形。因此，被称为半导体陶瓷，简称半导瓷。半导瓷内的晶粒直径为 $1\mu m$ 左右，晶粒的大小对电阻有一定影响，但对气体检测灵敏度则无很大的影响。烧结型器件制作方法简单，器件寿命长；但由于烧结不充分，器件机械强度不高，电极材料较贵重，电性能一致性较差，因此应用受到一定限制。图 7-9 (b) 所示为薄膜型器件。采用蒸发或溅射工艺，在石英基片上形成氧化物半导体薄膜（其厚度约在 100nm 以下），制作方法也很简单。实验证明，SnO_2 半导体薄膜的气敏特性最好，但这种半导体薄膜为物理性附着，因此器件间性能差异较大。图 7-9 (c) 所示为厚膜型器件。这种器件是将氧化物半导体材料与硅凝胶混合制成能印刷的厚膜胶，再把厚膜胶印刷到装有电极的绝缘基片上，经烧结制成的。由于这种工艺制成的元件机械强度高，离散度小，适合大批量生产。这些器件全部附有加热器，它的作用是将附着在敏感元件表面上的尘埃、油雾等烧掉，加速气体的吸附，从而提高器件的灵敏度和响应速度。加热器的温度一般控制在 200~400℃ 左右。

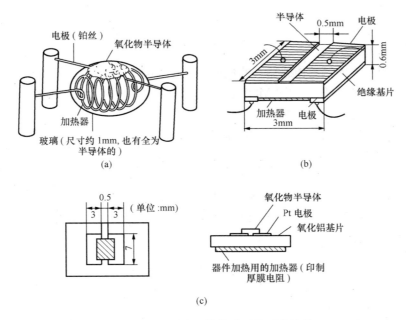

图 7-9　气敏半导体传感器的器件结构
(a) 烧结型气敏器件；(b) 薄膜型器件；(c) 厚膜型器件

2) 工作原理。半导体气敏传感器是利用气体在半导体表面的氧化和还原反应导致敏感元件阻值变化而制成的，如图 7-10 所示。当半导体器件被加热到稳定状态，在气体接触半

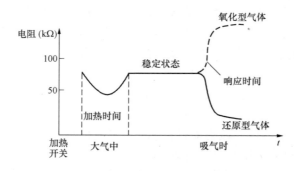

图 7-10 半导体气敏传感器工作原理

导体表面而被吸附时，被吸附的分子首先在表面物性自由扩散，失去运动能量，一部分分子被蒸发掉，另一部分残留分子产生热分解而固定在吸附处（化学吸附）。当半导体的功函数（功函数：标志着电子从半导体中逸出的能量的大小。功函数越大，电子越不容易从半导体中逸出）小于吸附分子的亲和力（气体的吸附和渗透特性）时，吸附分子将从器件夺得电子而变成负离子吸附，半导体表面呈现电荷层。

例如氧气等具有负离子吸附倾向的气体被称为氧化型气体或电子接收性气体。如果半导体的功函数大于吸附分子的离解能，吸附分子将向器件释放出电子，而形成正离子吸附。具有正离子吸附倾向的气体有 H_2、CO、碳氢化合物和醇类，被称为还原型气体或电子供给性气体。

当氧化型气体吸附到 N 型半导体上，半导体的载流子减少，电阻率上升；当氧化型气体吸附到 P 型半导体上半导体的载流子增多，电阻率下降；当还原型气体吸附到 N 型半导体上，半导体的载流子增多，电阻率下降；当还原型气体吸附到 P 型半导体上，半导体的载流子减少，电阻率上升。

3）元件材料。一般分为：

a. 氧化锡（SnO_2）系列。

b. 氧化铁（Fe_2O_3）系列。

c. 氧化锌（ZnO）系列。

（2）非电阻型半导体气敏传感器。非电阻型气半导体敏传感器主要类型有：利用 MOS 二极管的电容-电压特性变化，利用 MOS 场效应管的阈值电压的变化，利用肖特基金属半导体二极管的势垒变化进行气体检测。

1）MOS 二极管气敏元件。在 P 型硅氧化层上蒸发一层钯（Pd）金属膜作电极。氧化层（SiO_2）电容 Ca 固定不变。总电容 C 也是偏压的函数。MOS 二极管的等效电容 C 随电压 U 变化。

金属钯（Pd）对氢气（H_2）特别敏感。当 Pd 吸附以后，使 Pd 的功函数下降，使 MOS 管 $C-U$ 特性向左平移，利用该特性可以测定氢气的浓度。MOS 二极管气敏元件结构和等效电路如图 7-11 所示。

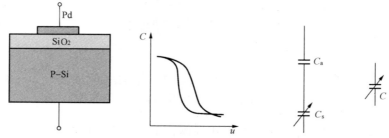

图 7-11 MOS 二极管气敏元件结构和等效电路

2）MOSFET 气敏元件。Pd 对 H_2 吸附性很强，H_2 吸附在 Pd 栅上引起的 Pd 功函数降低。当栅极（G）源极（S）间加正向偏压 UGS＞UT 阀值时，栅极氧化层下的硅从 P 变为 N 型，N 型区将 S（源）和 D（漏）连接起来，形成导电通道（N 型沟道）此时 MOSFET 进入工作状态。Pd-MOSFET 管结构如图 7-12所示。

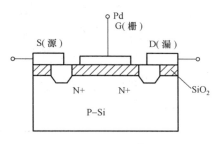

图 7-12 Pd-MOSFET 管结构

在 S 和 D 间加电压 UDS，S 和 D 间有电流 IDS 流过，IDS 随 UDS、UGS 变化。当 UGS＜UT 时，沟道没形成，无漏源电流 IDS＝0。UT（阀值）电压大小与金属与半导体间的功函数有关。Pd-MOSFET 器件就是利用 H_2 在钯栅极吸附后改变功函数使 UT 下降，检测 H_2 浓度。

3）肖特基二极管。金属和半导体接触的界面形成肖特基势垒，构成金属半导体二极管。管子加正偏压，半导体金属的电子流增加，加负偏压，几乎无电流。当金属与半导体界面有气体时，势垒降低，电流变化。

非电阻型半导体气敏传感器主要用于氢气浓度测量。

3. 实际应用

家用煤气、液化石油气泄漏报警器。图 7-13 所示为一种简单、廉价的家用煤气、液化石油气报警器电路。该电路能承受较高的交流电压，因此，可直接由 220V 市电供电，且不需要再加复杂的放大电路，就能驱动蜂鸣器等来报警。由该电路的组成可见，蜂鸣器与气敏传感器 QM-N6 的等效电阻构成了简单串联电路，当气敏传感器探测到泄漏气体（如煤气、液化石油气）时，随着气体浓度的增大，气敏传感器 QM-N6 的等效电阻降低，回路电流增大，超过危险的浓度时，蜂鸣器发声报警。

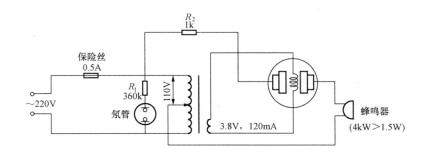

图 7-13 家用煤气、液化石油气泄漏报警器电路

7.3 气敏、湿敏传感器实践操作

7.3.1 工作计划

本项目是气敏（酒精）传感器实验，掌握气敏（酒精）传感器的工作原理，分析实验数据，了解传感器信号处理和数字显示的过程。项目工作计划如表 7-2 所示。

表 7 - 2   气敏（酒精）传感器项目工作计划表

序号	内容	负责人	时间	工作要求	完成情况
1	研讨任务	全体组员		分析项目的控制要求	
2	制订计划	小组长		制定完整的工作计划	
3	讨论项目的原理	全体组员		理解气敏传感器测量气体浓度的工作原理及接线方法	
4	具体操作	全体组员		根据要求进行连线并记录数据	
5	效果检查	小组长		检查数据的正确性，分析结果	
6	评估	老师		根据小组完成情况进行评价	

7.3.2 方案分析

本项目所采用的 SnO_2（氧化锡）本导体气敏传感器属电阻型气敏元件，是利用气体在半导体表面的氯化和还原反应导致敏感元件阻值变化。若气浓度发生，其阻值又将变化，根据这一特性，可以从阻值的变化得知，吸附气体的种类和浓度。

7.3.3 操作分析

实验内容及步骤：

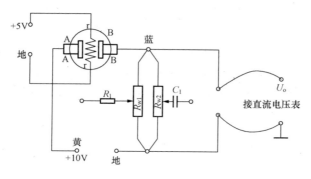

图 7 - 14　气敏传感器接线图

（1）将气敏传感器夹持在差动变压器实验模板上传感器固定支架上。

（2）根据图 7 - 14 接线，将气敏传感器，色线（加热线）接＋4V 电压，红色线 A 端接 10V 电压、黑线接地，色线（B 端）接入差动变压板 R_1 的插孔内，RW1 下端接地。

（3）将 R_1 插孔与实验模板上的 R_2 的输入孔相接。输出 U0 与数显单元 Vi 相接，电压拨 2V 挡。

（4）接上±15V 电源使运放工作，预热 5min。

（5）用浸透酒精的小棉球，靠近传感器，并吹 2 次气，使酒精挥发进入传感器金属网内，观察电压表读数变化。

7.4　气敏传感器项目的检测与评估

工作计划

学生接线无误后可通电测量，根据计算结果，找出两组同学讲解和分析项目内容和结果。

实训结束后，学生依据表 7 - 2 所示的电桥电路性能指标测试评估表中的评分标准进行小组自评、互评打分。

教师在学生工作过程中，巡回检查指导，及时纠正电路接线错误、调试方法不对等问题。依据学生所出现的问题、完成时间、数据处理、工具使用、组织得当、分工合理等方面进行考核，记录成绩并对学生工作结果做出评价。评估内容如表 7-3 所示。

表 7-3　　　　　　　　　　　　　气敏传感器项目评估表

班级		组号		姓名		学号		成绩	
评估项目		扣分标准						小计	
1. 信息收集能力（10 分）		能根据任务要求收集气敏传感器的相关资料不扣分							
		不主动收集资料扣 4 分							
		不收集资料的不得分							
2. 项目的原理（15 分）		叙述气敏传感器测量气体浓度的工作原理准确的不扣分							
		叙述条理不清楚、不准确的每错一处扣 2 分							
3. 具体操作（20 分）		接线正确、数据记录完整的不扣分							
		接线正确、数据记录不完整的扣 5 分							
		接线不正确扣 10 分							
4. 数据处理（10 分）		数据记录正确、分析正确的不扣分							
		数据记录正确、分析不完整的扣 4 分							
		数据记录不正确的扣 7 分							
5. 汇报表达能力（10 分）		表达完整，条理清楚不扣分							
		表达不够完整，条理清楚扣 4 分							
		表达不完整，条理不清楚扣 8 分							
6. 考勤（10 分）		出全勤、不迟到、不早退不扣分							
		不能按时上课每迟到或早退一次扣 3 分							
7. 学习态度（5 分）		学习认真，及时预习复习不扣分							
		学习不认真不能按要求完成任务扣 3 分							
8. 安全意识（6 分）		安全、规范操作							
9. 团结协作意识（4 分）		能团结同学互相交流、分工协作完成任务							
10. 实训报告（10 分）		按时、完整、正确地完成实训报告不扣分							
		按时完成实训报告，不完整、正确的扣 3 分							
		不能按时完成实训报告，不完整、有错误扣 6 分							

巩 固 与 练 习

一、选择题及填空题

1. 在使用测谎器时，被测人由于说谎、紧张而手心出汗，可用＿＿＿＿＿＿传感器。

A. 应变片　　　　　B. 热敏电阻　　　　　C. 气敏电阻　　　　　D. 湿敏电阻

2. 图 7-15 为自动吸排油烟机原理框图，请分析填空。

（1）图中的气敏电阻是＿＿＿＿＿＿类型，被测气体浓度越高，其阻值就越＿＿＿＿＿＿。

（2）气敏电阻必须使用加热电源的原因是＿＿＿＿＿＿，通常须将气敏电阻加热到

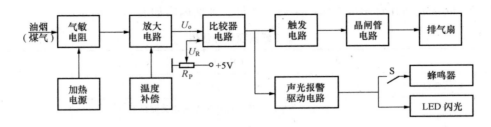

图 7 - 15

_____℃左右。因此使用电池为电源、作长期监测仪表使用时，电池的消耗较_____（大/小）。

（3）当气温升高后，气敏电阻的灵敏度将_____（升高/降低），所以必须设置温度补偿电路，使电路的输出不随气温变化而变化。

（4）比较器的参考电压 U_R 越小，检测装置的灵敏度就越_____。若希望灵敏度不要太高，可将 R_P 往_____（左/右）调节。

（5）该自动吸排油烟机使用无触点的晶闸管而不用继电器来控制排气扇的原因是防止_____。

（6）由于即使在开启排气扇后气敏电阻的阻值也不能立即恢复正常，所以在声光报警电路中，还应串接一只控制开关，以消除_____（蜂鸣器/LED）继续烦人的报警。

二、分析设计题

酒后驾车易出事故，但判定驾驶员是否喝酒过量带有较大的主观因素。请利用所学知识，设计一台便携式、交通警使用的酒后驾车测试仪。

总体思路：让被怀疑酒后驾车的驾驶员对准探头（内部装有多种传感器）呼三口气，用一排发光二极管指示呼气量的大小（呼气量越大，点亮的 LED 越多）。当呼气量达到允许值之后，"呼气确认" LED 亮，酒精蒸气含量数码管指示出三次呼气的酒精含量的平均百分比。如果呼气量不够，则提示重新呼气，当酒精含量超标时，LED 闪亮，蜂鸣器发出"嘀……嘀……"声。

根据以上设计思路，请按以下要求操作：

（1）画出构思中的便携式酒后驾车测试仪的外形图，包括一根带电缆的探头以及主机盒。在主机盒的面板上必须画出电源开关、呼气指示 LED 若干个、呼气次数指示 LED3 个、酒精蒸气含量数字显示器、报警 LED、报警蜂鸣器发声孔等。

（2）画出测量呼气流量的传感器简图。

（3）画出测量酒精蒸气含量的传感器简图。

（4）画出测试仪的电原理框图。

（5）简要说明几个环节之间的信号流程。

（6）写出该酒后驾车测试仪的使用说明书。

8 流 量 测 量

知识目标

（1）了解流量的基本知识。
（2）掌握常用流量计的工作原理。
（3）掌握常用流量计的选型。

技能目标

（1）认识常用流量传感器。
（2）能判断流量传感器常见故障。
（3）根据测试目的和实际条件流量传感器的选用。

8.1 流量测量项目说明

8.1.1 项目目的

（1）熟悉流量计的结构组成，了解其工作过程，认识其结构形式。

（2）通过对流量计的测试和校验，掌握流量计校验方法，理解其相关特性及性能指标含义。

（3）了解电磁流量计的基本工作原理。

8.1.2 项目条件

变频器、水泵、压力变送器、电磁流量计、电动调节阀、电流表、调节器挂箱。

8.1.3 项目内容及要求

通过基本知识学习和现场参观，了解测控系统及组成。能通过实物认识流量传感器，阅读与其相关的技术资料，查找流量传感器的技术指标。根据某台仪器的输入输出数据，计算传感器的性能指标。

8.2 相 关 知 识

8.2.1 流量测量基本概念

1. 流量概念和分类

流量是流体在单位时间内通过管道或设备某横截面处的数量。

流量测量分为瞬时流量和累积流量，瞬时流量是指单位时间内流过管道某一截面的流体数量，瞬时流量分为质量流量和体积流量。

（1）质量流量。单位时间内通过的流体质量，用 q_m 表示，单位为 kg/s。

（2）体积流量。单位时间内通过的流体体积，用 q_v 表示，单位为 m³/s。

质量流量和体积流量有下列关系

$$q_m = \rho q_V \tag{8-1}$$

式中　ρ——流体密度，kg/m³。

（3）累积流量。某一段时间间隔内流过管道某一截面的流体量的总和，即瞬时流量在某一段时间内的累积值，称为累积流量或总量。

2. 流量测量方法

生产过程中各种流体的性质各不相同，流体的工作状态及流体的黏度、腐蚀性、导电性也不同，很难用一种原理或方法测量不同流体的流量。尤其工业生产过程，其情况复杂，某些场合的流体是高温、高压，有时是气液两相或液固两相的混合流体，因此目前流量测量的方法很多，测量原理和流量传感器（或称流量计）也各不相同，从测量方法上一般可分为以下两大类。

（1）测量体积流量的传感器

1）速度式。先测出管道内的平均流速，再乘以管道截面积求得流体体积流量。

2）容积式。容积式流量传感器是根据已知容积的容室在单位时间内所排出流体的次数来测量流体的瞬时流量和总量的。常用的有椭圆齿轮、旋转活塞式和刮板等流量传感器。

（2）测量质量流量的传感器有两种。

1）根据质量流量与体积流量的关系，测出体积流量再乘被测流体的密度的间接质量流量传感器。

2）直接测量流体质量流量的直接式质量流量传感器。

8.2.2　差压流量计

1. 概述

差压式流量计是目前工业生产中用来测量气体、液体和蒸汽流量的最常用的一种流量仪表。据调查统计，在整个工业流量测量领域中，差压式流量计占流量仪表总数的一半以上。其中用得最多的是由节流装置和差压计组成的节流式流量计。

差压式流量计（以下简称 DPF 或流量计）是根据安装于管道中流量检测件产生的差压、已知的流体条件和检测件与管道的几何尺寸来测量流量的仪表。DPF 由一次装置（检测件）和二次装置（差压转换和流量显示仪表）组成。通常以检测件的型式对 DPF 分类，如孔板流量计、文丘里管流量计及均速管流量计等。二次装置为各种机械、电子、机电一体式差压计，差压变送器和流量显示及计算仪表。DPF 是系列化、通用化及标准化程度很高的种类规格庞杂的一大类仪表，既可用于测量流量参数，也可测量其他参数（如压力、物位、密度等）。

2. 差压流量计的工作原理

（1）基本原理。流体流经管道内的节流件时，如图 8-1 所示，流速将在节流件处形成局部收缩，流速增加，静压力降低，在节流件前后产生压差。流体流量越大，产生的压差越大，因此可依据压差来衡量流量的大小。该测量方法是以流动连续性方程（质量守恒定律）和伯努利方程（能量守恒定律）为基础的。压差的大小不仅与流量还与其他许多因素有关，例如当节流装置形式或管道内流体的物理性质（密度、黏度）不同时，在同样大小的流量下

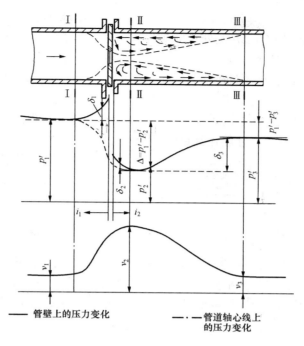

图 8-1 孔板附近的流速和压力分布

产生的压差也是不同的。

（2）流量方程。

$$q_m = \frac{C}{\sqrt{1-\beta^4}} \varepsilon \frac{\pi}{4} d^2 \sqrt{\Delta p}$$

$$q_V = q_m / \rho \tag{8-2}$$

$$\beta = d/D$$

式中　q_m——质量流量，kg/s；

　　　q_V——体积流量，m³/s；

　　　C——流出系数；

　　　ε——可膨胀性系数；

　　　β——直径比；

　　　d——工作条件下节流件的孔径，m；

　　　D——工作条件下上游管道内径，m；

　　　Δp——差压，Pa；

　　　ρ——上游流体密度，kg/m³。

由式（8-2）可知，流量为 C、ε、d、ρ、Δp、$\beta(D)$ 6个参数的函数，此6个参数可分为实测量 d，ρ，Δp，β（D）和统计量 C、ε 两类。

1）d、D。式（8-2）中 d 与流量为平方关系，其精确度对流量总精度影响较大，误差值一般应控制在±0.05%左右，还应计及工作温度对材料热膨胀的影响。标准规定管道内径 D 必须实测，需在上游管段的几个截面上进行多次测量求其平均值，误差不应大于±0.3%。除对数值测量精度要求较高外，还应考虑内径偏差会对节流件上游通道造成不正常节流现象所带来的严重影响。因此，当不是成套供应节流装置时，在现场配管应充分注意这个问题。

2）ρ，ρ在流量方程中与Δp是处于同等位置，亦就是说，当追求差压变送器高精度等级时，绝不要忘记ρ的测量精度亦应与之相匹配。否则Δp的提高将会被ρ的降低所抵消。

3）Δp，差压Δp的精确测量不应只限于选用一台高精度差压变送器。实际上差压变送器能否接受到真实的差压值还决定于一系列因素，其中正确的取压孔及引压管线的制造、安装及使用是保证获得真实差压值的关键，这些影响因素很多是难以定量或定性确定的，只有加强制造及安装的规范化工作才能达到目的。

图 8-2 差压流量计的组成

（3）差压式流量计组成如图 8-2 所示。

引压导管：取节流装置前后产生的差压，传送给差压变送器。

差压变送器：产生的差压转换为标准电信号（4～20mA）。

节流装置：安装于管道中产生差压，一般为节流件前后的差压。节流装置是敏感检测元件，是阻力元件。常用的节流元件有孔板、喷嘴、文丘里管。它们的结构形式、相对尺寸、技术要求、管道条件和安装要求等均已标准化，故又称标准节流元件，如图 8-3 所示。

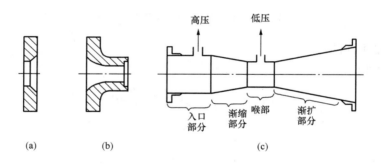

图 8-3 标准节流装置

（a）孔板；（b）喷嘴；（c）文丘里管

8.2.3 电磁流量计

电磁流量计（eletro magnetic flowmeters，EMF）是 20 世纪 50～60 年代随着电子技术的发展而迅速发展起来的新型流量测量仪表。电磁流量计是根据法拉第电磁感应定律制成的，电磁流量计用来测量导电液体体积流量的仪表。由于其独特的优点，电磁流量计目前已广泛地被应用于工业过程中各种导电液体的流量测量，如各种酸、碱、盐等腐蚀性介质；电磁流量计各种浆液流量测量，形成了独特的应用领域。具体外观如图 8-4 所示。

1. 概述

电磁流量计是利用电磁感应的原理制成的流量测量仪表，可用来测量导电的液体体积流量，如图 8-5 所示。常用来解决脏污流（两相、浆液）的流量测量，可测含固体颗粒、悬浮物等介质，但其使用温度、压力不能太高；电磁流量计要求被测流体必须有较好的导电性，不能用于低导电率液体，如石油制品、有机溶剂等，亦不能测量气体、蒸汽以及含有气泡的液体。

图 8-4 电磁流量计

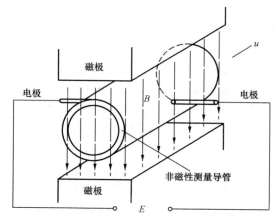

图 8-5 电磁流量计原理图

2. 工作原理

导体在磁场中运动时切割磁力线，在导体的两端产生感应电动势，感应电动势的大小与流体的平均流速呈线性关系，而测量流体的流量为

$$E = kBDv \qquad\qquad (8-3)$$

式中　B——磁感应强度；

　　　D——管径；

　　　v——流体流速。

$$Q = Av \qquad\qquad (8-4)$$
$$E = Kqv$$

式中　K——仪表系数；

　　　qv——体积流量。

3. 电磁流量计的分类

通常电磁流量计可按励磁方式分为以下几类。

（1）直流励磁。直流励磁方式用直流电或采用永久磁铁产生一个恒定的均匀磁场。这种直流励磁变送器的最大优点是受交流电磁场干扰影响很小，因而可以忽略液体中的自感现象的影响。但是使用直流磁场易使通过测量管道的电解质液体被极化，即电解质在电场中被电解，产生正负离子，在电场力的作用下，负离子跑向正极，正离子跑向负极，这将导致正负电极分别被相反极性的离子所包围，严重影响仪表的正常工作。因此，直流励磁一般只用于测量非电解质液体，如液态金属流量（常温下的汞和高温下的液态钢、锂、钾）等。

（2）交流励磁。工业上使用的电磁流量计，大都采用工频（50Hz）电源交流励磁方式产生交变磁场，避免了直流励磁电极表面的极化干扰。但是用交流励磁会带来一系列的电磁干扰问题（例如正交干扰、同相干扰、零点漂移等）。现在交流励磁正在被低频方波励磁所代替。

（3）低频方波励磁。低频方波励磁波形有二值（正—负）和三值（正—零—负—零）两种，其频率通常为工频的 1/2～1/32。低频方波励磁能避免交流磁场的正交电磁干扰，消除由分布电容引起的工频干扰，抑制交流磁场在管壁和流体内部引起的电涡流，排除直流励磁的极化现象。

8.2.4　涡轮流量计

1. 基本原理

涡轮变送器的工作原理是当流体沿着管道的轴线方向流动，并冲击涡轮叶片时，便有与流量 q_v、流速 v 和流体密度 ρ 乘积成比例的力作用在叶片上，推动涡轮旋转。在涡轮旋转的同时，叶片周期性地切割电磁铁产生的磁力线，改变线圈的磁通量。根据电磁感应原理，在线圈内将感应出脉动的电动势信号，此脉动信号的频率与被测流体的流量成正比。

被测流体冲击涡轮叶片，使涡轮旋转，涡轮的转速随流量的变化而变化，即流量大，涡轮的转速也大，再经磁电转换装置把涡轮的转速转换为相应频率的电脉冲，经前置放大器放大后，送入显示仪表进行计数和显示，根据单位时间内的脉冲数和累计脉冲数即可求出瞬时流量和累积流量。

涡轮变送器的工作原理是当流体沿着管道的轴线方向流动，并冲击涡轮叶片时，便有与流量 q_v、流速 v 和流体密度 ρ 乘积成比例的力作用在叶片上，推动涡轮旋转。在涡轮旋转的同时，叶片周期性地切割电磁铁产生的磁力线，改变线圈的磁通量。根据电磁感应原理，在线圈内将感应出脉动的电势信号，此脉动信号的频率与被测流体的流量成正比。

2. 涡轮流量计的组成

涡轮流量计由涡轮、轴承、前置放大器、显示仪表组成。如图 8-6 所示。涡轮变送器输出的脉冲信号，经前置于放大器放大后，送入显示仪表，就可以实现流量的测量。

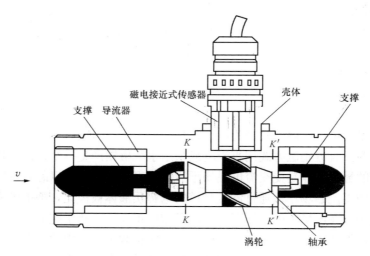

图 8-6　涡轮流量计的组成

3. 涡轮流量计的安装

（1）变送器的电源线采用金属屏蔽线，接地要良好可靠。电源为直流 24V，650Ω 阻抗。

（2）变送器应水平安装，避免垂直安装，并保证其前后有适应的直管段，一般前 10D，后 5D。

（3）保证流体的流动方向与仪表外壳的箭头方向一致，不得装反。

（4）被测介质对涡轮不能有腐蚀，特别是轴承处，否则应采取措施。

（5）注意对磁感应部分不能碰撞。

安装中应注意的事项有：

（1）安装涡轮流量计前，管道要清扫。被测介质不洁净时，要加过滤器。否则涡轮、轴承易被卡住，测不出流量来。

（2）拆装流量计时，对磁感应部分不能碰撞。

（3）投运前先进行仪表系数的设定。仔细检查，确定仪表接线无误，接地良好，方可送电。

（4）安装涡轮流量计时，前后管道法兰要水平，否则管道应力对流量计影响很大。

8.3 传感器的认识实践操作

8.3.1 工作计划

查询恒流量控制系统中流量传感器，理解电磁传感器的工作原理，掌握流量传感器的在控制系统的作用，掌握流量传感器的安装方法。项目工作计划如表 8-1 所示。

表 8-1 电磁流量计的工作原理认识和校验实验计划表

序号	内容	负责人	时间	工作要求	完成情况
1	研讨任务	全体组员		分析项目的要求	
2	制订计划	小组长		制定完整的工作计划	
3	确定检测系统	全体组员		确定自动分拣控制系统，锅炉温度控制系统和管道压力控制系统	
4	具体操作	全体组员		画出电磁流量计项目连接图	
5	效果检查	小组长		检查组员项目连接连接情况	
6	评估	老师		根据小组完成情况进行评价	

8.3.2 方案分析

（1）温度控制系统：热电阻检测锅炉内胆温度。

（2）压力控制系统：扩散硅压力计检测管道压力。

（3）自动分拣控制系统：光电传感器检测皮带上是否有物料，电感传感器检测金属物料，磁性传感器用于气缸的位置检测。

8.3.3 操作分析

实验内容及步骤：

（1）按照图 8-7 完成实验接线。

（2）将电磁流量计在面板上的输出信号经过毫安表，连接至调节器 818 的 1、2 输入端；

（3）用快速连接水管将主回路与储水箱相连，构成流通回路；并将副回路的手动开关阀门关闭。

（4）检查无误后即可通电，预热 15min 后开始实验后开始实验。

（5）将调节器 708 和 818 的输入上限"dih"设置为 100，将调节器 818 的"run"设为 0，使其在手动控制状态下工作。

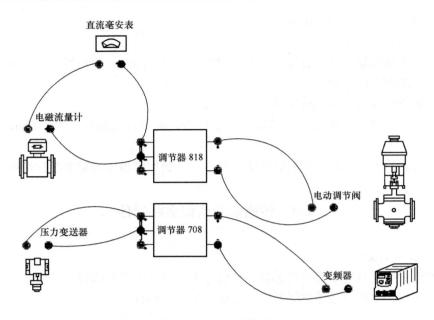

图 8-7　实验接线图

（6）将变频器旁的钮子开关设为外控，将变频器运行起来，通过对智能调节器 708 的参数设定让管道压力恒定。

（7）慢慢改变调节阀的开度，使智能调节器 818 上显示的流量数据分别为 0%、10%、20%、30%、40%、50%、60%、70%、80%、90%、100%，并记录电流表显示的电流在表 8-2 中。

表 8-2   电流表显示的电流

流量	0	10%	20%	30%	40%	50%	60%	70%	80%	90%	100%
电流											

8.4　传感器认识项目的评价

工作计划

（1）现场连接实验连接线路图的情况。

（2）实际实训数据。评估内容如表 8-3 所示。

表 8-3   评　估　表

班级		组号		姓名		学号		成绩	
评估项目			扣分标准					小计	
1. 信息收集能力（10 分）		能根据任务要求收集气敏传感器的相关资料不扣分							
		不主动收集资料扣 4 分							
		不收集资料的不得分							

续表

班级		组号		姓名		学号		成绩	
评估项目		扣分标准						小计	
2. 项目的原理（15分）		叙述气敏传感器测量气体浓度的工作原理准确的不扣分							
		叙述条理不清楚、不准确的每错一处扣2分							
3. 具体操作（20分）		接线正确、数据记录完整的不扣分							
		接线正确、数据记录不完整的扣5分							
		接线不正确扣10分							
4. 数据处理（10分）		数据记录正确、分析正确的不扣分							
		数据记录正确、分析不完整的扣4分							
		数据记录不正确的扣7分							
5. 汇报表达能力（10分）		表达完整，条理清楚不扣分							
		表达不够完整，条理清楚扣4分							
		表达不完整，条理不清楚扣8分							
6. 考勤（10分）		出全勤、不迟到、不早退不扣分							
		不能按时上课每迟到或早退一次扣3分							
7. 学习态度（5分）		学习认真，及时预习复习不扣分							
		学习不认真不能按要求完成任务扣3分							
8. 安全意识（6分）		安全、规范操作							
9. 团结协作意识（4分）		能团结同学互相交流、分工协作完成任务							
10. 实训报告（10分）		按时、完整、正确地完成实训报告不扣分							
		按时完成实训报告，不完整、正确的扣3分							
		不能按时完成实训报告，不完整、有错误扣6分							

巩　固　与　练　习

一、选择题

1. 流量是指_____内流过管道某一截面积的流体数量。

A. 单位体积　　　B. 单位时间　　　C. 单位面积　　　D. 单位流量

2. 下列不属于节流装置的是_____。

A. 孔板　　　　　B. 喷嘴　　　　　C. 长径喷嘴　　　D. 阿纽巴管

3. 相同差压下，压力损失最大的节流装置的名称是_____。

A. 喷嘴　　　　　B. 孔板　　　　　C. 文丘利管　　　D. 圆缺孔板

4. 自来水公司到用户家中抄自来水表数据，得到的是_____。

A. 瞬时流量，单位为 t/h　　　　　B. 累积流量，单位为 t 或 m^3

C. 瞬时流量，单位为 k/g　　　　　D. 累积流量，单位为 kg

二、计算题

1. 用差压变送器测流量，差压为 25kPa，二次表量程为 0～200T/h，差压变送器输出电流为 4～20mA，试求流量为 80T/h、100T/h 时对应的差压值和电流值是多少？

2. 过热蒸汽的质量流量 $M=100t/h$，选用的管道内径 $D=200mm$。若蒸汽的密度 $\rho=38kg/m^3$，则蒸汽在管道内的平均流速为多少？

3. 用一台电动力平衡式差压变送器配孔板测量流量，原设计差压范围为 0～63kPa，流量范围为 0～125T/h，安装时误装了一台差压范围为 0～40kPa 的差压变送器，启用后流量稳定，仪表输出压力为 10mA，试问：

（1）实际流量是多少？

（2）若采用 0～63kPa 的差压变送器，此时变送器的输出应为多少 mA？

三、问答题

1. 什么是流量和总量？有哪几种表示方法？常用流量单位是什么？

2. 试述差压式流量计测量流量的原理，并说明哪些因素对差压式流量计的流量测量有影响？

3. 什么是标准节流装置？有几种形式？它们分别采用哪几种取压方式？

4. 原来测量水的差压式流量计，现在用来测量其测量范围相同的油的流量，读数是否正确？为什么？

5. 电磁流量计的工作原理是什么？它对被测介质有什么要求？

9　物　位　检　测

知识目标

（1）掌握物位检测传感器的种类及选择。
（2）掌握超声波、电容式等物位传感器的原理、工作方式。

技能目标

（1）学会使用传感器测物位。
（2）学会分析水位控制电路，学会安装物位传感器。

9.1　物位检测项目说明

9.1.1　项目目的
（1）掌握物位检测的基本概念。
（2）掌握物位计的使用方法。
（3）学会分析水位控制电路。
（4）学会安装物位传感器。

9.1.2　项目条件
导电式水位传感器3只、探知电极、水箱、电路板、继电器、晶体管等电子元件。

9.1.3　项目内容及要求
选择合适的液位传感器，组成控制电路，控制水位报警，实现水箱中缺水或加水过多时自动发出声光报警。

9.2　基　本　知　识

物位是液位、料位和相界面的统称。用来对物位进行测量的传感器称为物位传感器，由此制成的仪表称为物位计。液位是指开口容器或密封容器中液体介质液面的高低，用来测量液位的仪表称为液位计；料位是指固体粉状或颗粒物在容器中堆积的高度，用来测量料位的仪表称为料位计；相界面是指两种液体介质的分界面，用来测量分界面的仪表称为界面计。

物位检测的方法有：超声波式、电容式、浮力法、静压式、核辐射式、微波法及光纤式等检测方法。

9.2.1　超声波式物位检测法
1. 超声波的基本概念、特性
声波的频率为20Hz～20kHz，而超声波的频率在20kHz以上。超声波的发射和接受是利用超声换能器完成的。换能器主要是利用压电晶体的压电效应来实现能量转换的。压电效应有正压效应和逆压电效应。

有些晶体，如石英等，当在其两个面上施加交变电压时，晶体片将沿其厚度方向做延长和压缩的交替变化，即产生了振动，其振动频率的高低与所加交变电压的频率相等，这样就能在晶体片周围的介质周围产生频率相同的声波。如果所加交变电压的频率是超声频率，晶体片发生的声波就是超声波，该效应称为逆压电效应，也叫电致伸缩效应。根据该原理制成了发射换能器如图 9-1（a）所示。当脉冲的外力作用在压电晶体片的两个对面上而使其形变时，就会有一定频率的交流电压输出，这种效应称为正压电效应，根据此原理制成了接收换能器如图 9-1（b）所示。

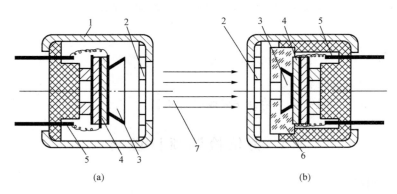

图 9-1　空气传导型超声发生、接收器结构

（a）超声发射器；（b）超声接收器

1—外壳；2—金属丝网罩；3—锥形共振盘；4—压电晶片；5—引脚；6—阻抗匹配器；7—超声波束

2. 超声物位计的特点

超声物位计有许多优点，不仅可以定点和连续测量，而且能很方便地提供遥测或遥控所需的信号；超声测量不需防护；超声测量可以选用气体、液体或固体作为传声媒介，因而有很强的适应性；因没有可动部件，安装维护较方便；超声波不受光线、黏度的影响等。但超声物位计不能测量有气泡和悬浮物的液位，被测液位面有很大波浪时，在测量上会引起声波反射混乱，产生测量误差。

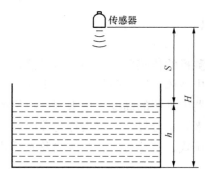

图 9-2　超声物位原理图

（1）测量的基本原理。如图 9-2 所示传感器发射探头发出的超声波在媒介中传到液面，经反射以后再通过该媒介返回到接收探头。将测出的超声波脉冲从发射到接受的时间乘以超声波在媒介中的声速，即可得到物位的高度。超声传感器在微处理器的控制下，发射和接收超声波，并由超声波在空中的传播时间 T 来计算超声传感器与被测物之间的距离 S，由于声波在空中传播的速度 C 是一定的，则根据：$S=CT/2$ 可计算出 S，又因为超声传感器与容器的底部的距离 H 是一定的，则被测物的物（液）位 $h=H-S$。

（2）超声波测量液位和物位。如图 9-3 所示超声波物位计通过超声探头发射高能超声波，使其从被测物体表面反射回来。反射回来的信号经过超声探头接收，再通过功率放大器、脉冲发生器、同步电路、计数电路等电路进行处理，从而增强了有效信号，更好地摒弃了无效的干扰信号，该高能的声波使经过介质后确保了最少的信号损失，通过显示器显示出来。高能声波使声波损失较之传统的超声波仪器都要少，发射信号越强反射得到的信号也越强。接收器电路即使在噪声较强的环境下也能识别与监视低液位信号。测量信号经过温度补偿作用，保证了信号输出与显示具有极高的准确性。

显示器上显示的波形是超声波发射接收过程的记录，图 9-3 中从左到右三个波形，第一个为起始波是超声波刚发射出来时超声波的强度，中间是小波形代表中途有障碍反射回来的波强度，最后的波形是最终反射回来超声波的强度波形，也叫截止波。t_0 代表超声探头发射超声波从反射小板反射回来的时间，即经过 $2h_0$ 距离所用的时间；同理，t_{h1} 代表经过 $2h_1$ 所用的时间。

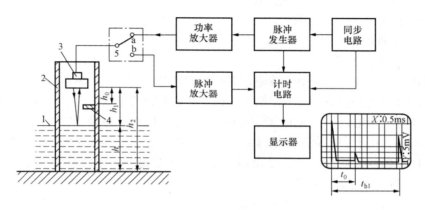

图 9-3　超声波液位计原理图
1—液面；2—直管；3—空气超声探头；4—反射小板；5—电子开关

例 9-1　超声波液位计原理如图 9-3 所示，从显示屏上测得 $t_0 = 2\text{ms}$，$t_{h1} = 5.6\text{ms}$。已知水底与超声探头的间距为 10m，反射小板与探头的间距为 0.34m，求液位 h。

解　因为

$$\frac{h_0}{t_0} = \frac{h_1}{t_{h1}}$$

所以有

$$h_1 = \frac{t_{h1}}{t_0}h_0 = (5.6 \times 0.34/2)\text{m} = 0.95\text{m}$$

液位 h 为

$$h = h_2 - h_1 = (10 - 0.95)\text{m} = 9.05\text{m}$$

由于空气中的声速随温度改变会造成温漂，所以在传送路径中还设置了一个反射性良好的小板作标准参照物，以便计算修正。上述方法除了可以测量液位外，也可以测量粉体和粒状体的物位。

9.2.2　电容式物位计

电容式物位传感器是利用被测物的介电常数与空气（或真空）不同的特点进行检测的，电容式物位计由电容式物位传感器和检测电容的测量线路组成。它用于各种导电、非导电液

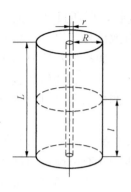

图9-4　圆筒形电容器

体的液位或粉状料位的测量，也可以实现液位或料位的自动记录、控制和调节。

1. 电容式物位计原理

电容物位计是将物位的变化转换成电容量的变化，通过测量电容量的大小来间接测量物位高低的物位测量仪表。它由电容物位传感器和测量转换电路组成。

由物理学知：圆筒形电容器其结构形式如图9-4所示，当中间所充介质的介电常数为ε_1时，则两圆筒间的电容量为

$$C = \frac{2\pi\varepsilon_1 l}{\ln \dfrac{R}{r}} \tag{9-1}$$

式中　l——两电极相互对应部分的长度；

　　　ε_1——中间介质的介电常数；

　　　R——外电极的内半径；

　　　r——内电极的外半径。

可以看出C与l成正比。由于被测介质的不同，电容式物位传感器有多种不同形式。例如导电液体的液位测量就是在液体中插入一根带绝缘套管的电极。由于液体是导电的，液体可视为电容器的一个电极，插入的金属电极作为另一个电极，绝缘套管为中间介质，三者组成圆筒形电容器。由于中间介质为绝缘套管，所以组成的电容器的介电常数就为常数。当液位变化时，电容器两极被浸没的长度也随之而变。液位越高，电极被浸没的就越多，由式（9-1）可知，相应的电容量越大。

2. 电容式物位传感器在油量表中的应用

如图9-5所示为电容式油量表工作示意图。

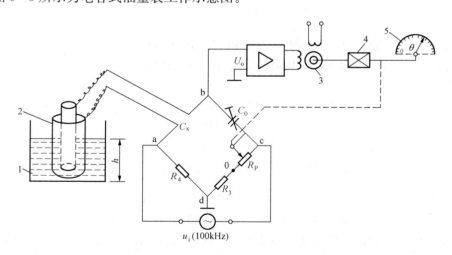

图9-5　电容式油量表工作示意图

1—油箱；2—圆柱形电容器；3—伺服电动机；4—减速箱；5—油量表

具体工作原理如下：

（1）当油箱中无油时，电容传感器的电容量$C_x = C_{x0}$，调节匹配电容使$C_0 = C_{x0}$，$R_4 =$

R_3；并使调零电位器 R_P 的滑动臂位于 0 点，即 R_P 的电阻值为 0。此时，电桥满足 $C_x/C_0 = R_4/R_3$ 的平衡条件，电桥输出为零，伺服电动机不转动，油量表指针偏转角 $\theta=0$。

（2）当油箱中注满油时，液位上升至 h 处，$C_x = C_{x0} + \Delta C_x$，而 ΔC_x 与 h 成正比，此时电桥失去平衡，电桥的输出电压 U_o 经放大后驱动伺服电动机，再由减速箱减速后带动指针顺时针偏转，同时带动 R_P 的滑动臂移动，从而使 R_P 阻值增大，$R_{cd} = R_3 + R_P$ 也随之增大。当 R_P 阻值达到一定值时，电桥又达到新的平衡状态，$U_o = 0$，于是伺服电动机停转，指针停留在转角为 θ 处。

（3）由于指针及可变电阻的滑动臂同时为伺服电动机所带动，因此，R_P 的阻值与 θ 间存在着确定的对应关系，即 θ 正比于 R_P 的阻值，而 R_P 的阻值又正比于液位高度 h，因此可直接从刻度盘上读得液位高度 h。

（4）当油箱中的油位降低时，伺服电动机反转，指针逆时针偏转（示值减小），同时带动 R_P 的滑动臂移动，使 R_P 阻值减小。当 R_P 阻值达到一定值时，电桥又达到新的平衡状态，$U_o = 0$，于是伺服电动机再次停转，指针停留在与该液位相对应的转角 θ 处。

（5）从以上分析得到涉及"闭环控制"的结论，放大器的非线性及温漂对测量精度影响不大。

9.2.3 差压式液位计

1. 差压式液位计测量原理

对于不可压缩的液体（其密度不变），液柱的高度与液体的差压成正比。差压式液位计是利用容器内的液位改变时由液柱产生的差压也相应变化的原理而工作的。

如图 9-6 所示，根据流体静力学原理有

$$P_B = P_A + \rho g H \qquad (9-2)$$

则差压 ΔP 与液位高度 H 有如下关系

$$\Delta p = p_B - p_A = \rho g H \qquad (9-3)$$

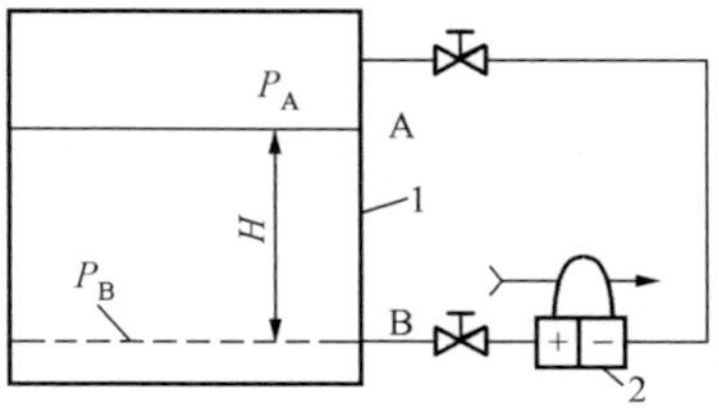

图 9-6 差压式液位计测量原理

式中 p_A、p_B——A、B 两处的压力；

ρ——液体密度；

g——重力加速度；

H——液位高度。

通常 ρ 可视为常数，则 ΔP 与 H 成正比，就把测液位高度的问题转换为测量差压的问题了。因此，各种压力计、差压计和差压变送器都可用来测量液位的高度。

利用差压变送器测密闭容器的液位时，变送器的正压室通过引压导管与容器下部取压点相通，其负压室则与容器气相相通；若测敞口容器内的液位，则差压变送器的负压室应与大气相通或用压力变送器代替。

2. 液位测量的零点迁移问题

所谓"零点迁移"，就是同时改变测量仪表的测量上、下限而不改变其量程。例如，一把量程 1m 的直尺可以用来测量 0～1m 的线段的长度，也可以用来测量 1～2m 线段的长度。这是测量仪表在应用中常用的技术手段。用差压式液位计测量液位时，常常会遇到该问题。下面分析几种典型情况。

（1）无迁移。如图 9-7 所示的两个不同形式的液位测量系统中，作为测量仪表的差压

变送器的输入差压 Δp 和液位 H 之间的关系都可以用式（9-4）表示。

当 $H=0$ 时，差压变送器的输入 Δp 亦为 0，可表示为

$$\Delta p\,|_{H=0}=0 \qquad\qquad (9-4)$$

显然，当 $H=0$ 时，差压变送器的输出亦为 0（下限值），如采用 DDZ-Ⅱ 型差压变送器，则其输出 $I_0=0\mathrm{mA}$，相应的显示仪表指示为 0，不存在零点迁移问题。

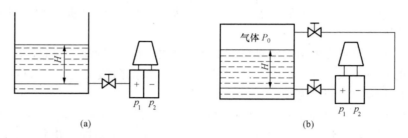

图 9-7　无迁移液位检测系统
(a) 敞口容量；(b) 密闭容器

（2）正迁移。出于安装、检修等方面的考虑，差压变送器往往不安装在液位基准面上。如图 9-8 所示的液位测量系统，和如图 9-7（a）所示的测量系统的区别仅在于差压变送器安装在液位基准面下方 h 处，这时，作用在差压变送器正、负室的压力分别为

$$p_1=\rho g(H+h)+p_0 \qquad\qquad (9-5)$$
$$p_2=p_0$$

差压变送器的差压输入为

$$\Delta p=p_1-p_2=\rho g(H+h) \qquad\qquad (9-6)$$

所以

$$\Delta p\,|_{H=0}=\rho g h \qquad\qquad (9-7)$$

当液位 H 为零时，差压变送器仍有一个固定差压输入 $\rho g h$，是从液位储槽底面到差压变送器正压室之间那一段液相引压管液柱的压力。因此，差压变送器在液位为零时会有一个相当大的输出值，给测量过程带来诸多不便。为了保持差压变送器的零点（输出下限）与液位零点的一致，就有必要抵消这一固定差压的作用。由于这一固定差压是一个正值，因此称之为正迁移。

（3）负迁移。如图 9-9 所示的液位测量系统，和如图 9-7（a）所示系统的区别在于它的气相是蒸汽，因此，在气相引压管中充满的不是气体而是冷凝水（其密度与容器中的水的密度近似相等）。此时，差压变送器正、负压室的压力分别为

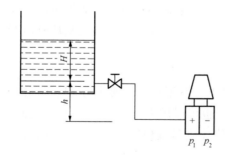

图 9-8　正迁移液位测量系统

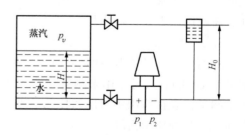

图 9-9　负迁移液位测量系统

$$p_1 = p_v + \rho g H$$
$$p_2 = p_v + \rho g H_0$$

差压变送器差压输入为

$$\Delta p = p_1 - p_2 = \rho g(H - H_0) \qquad (9-8)$$

所以

$$\Delta p \mid_{H=0} = -\rho g H_0 \qquad (9-9)$$

当液位为零时，差压变送器将有一个很大的负的固定差压输入，为了保持差压变送器的零点（输出下限）与液位零点一致，就必须抵消这一个固定差压的作用，又因为这个固定差压是一个负值，所以称之为负迁移。

需要特别指出的是，对于如图 9-9 所示的液位测量系统，由于液位 H 不可能超过气相引压管的高度 H_0，因此 $\Delta p = \rho g(H - H_0)$ 必然是一个负值。如果差压变送器不进行迁移处理，无论液位有多高，变送器都不会有输出，测量就无法进行。

差压式液位计也是根据液柱的静压力与液位高度成正比的关系进行工作的。如图 9-10 所示。将差压变送器的正、负压室分别与容器的下部和上部相连通。若被测液体的密度为 ρ_1，则作用于变送器正、负压室的压差为 $\Delta p = H \rho_1 g$。也可表式为

$$\begin{aligned}
\Delta p &= p_1 - p_2 \\
&= \rho(h_1 + h_2) - \rho_0(h_3 + h_2) \\
&= \rho h_1 - (\rho_0 h_3 - \rho h_2 + \rho_0 h_2)
\end{aligned} \qquad (9-10)$$

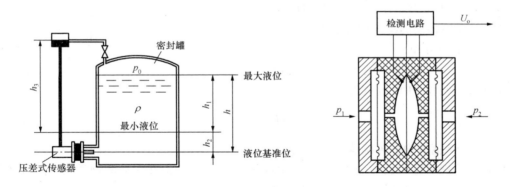

图 9-10　差压变送器检测液位系统及差压变送器的结构原理

9.2.4　浮力式物位检测

当一个物体浸放在液体中时，液体对它有一个向上的浮力，浮力的大小等于物体所排开的那部分液体的质量，浮力式液位计就是基于液体浮力原理而工作的，它分为恒浮力式和变浮力式两种。浮力式物位检测的基本原理是通过测量漂浮于被测液面上的浮子（也称浮标）随液面变化而产生的位移来检测液位；或利用沉浸在被测液体中的浮筒（也称沉筒）所受的浮力与液面位置的关系来检测液位。前者一般称为恒浮力式检测，后者一般称为变浮力式检测。

1. 恒浮力式物位检测

恒浮力式液位传感器的构造如图 9-11 所示。将浮标用绳索连接并悬挂在滑轮上，绳索的另一端挂有平衡重物及指针，利用浮标所受重力和浮力之差与平衡重物相平衡，使浮标漂

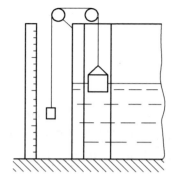

图 9-11　恒浮力式液位传感器

浮在液面上。即有

$$W - F = G \qquad (9-11)$$

式中　W——浮标的重力；

　　　F——浮力；

　　　G——平衡重物的重力。

当液位上升时，浮标所受的浮力增加，则 $W - F < G$，原有平衡被打破，浮标向上移动，而浮标上移的同时浮力又下降，直到 $W - F$ 重新等于 G 时，浮标将停在新的液位上。反之亦然。在浮标随液位升降时，指针便可指示出液位的高低来。如需远距离传输，可通过传感器将机械位移转换为电信号。

浮标为空心的金属或塑料盒，有许多种形状，一般为扁平状。这种液位计多用于敞口容器液位的检测。

2. 变浮力式物位检测

变浮力式物位检测原理如图 9-12 所示，当浮筒的重力与弹簧的弹力达到平衡时，浮筒才停止移动，平衡条件为

$$C - x_0 = G \qquad (9-12)$$

3. 浮力式物位检测

设液位高度为 H，浮筒由于向上移动实际浸没在液体中的长度为 h，浮筒移动的距离即弹簧的位移改变量 Δx 为

根据力平衡可知：　　$\Delta x = H - h$

$$G - Sh\rho = C(x_0 - \Delta x)$$

从而被测液位 H 可表示为

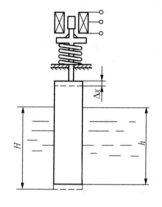

图 9-12　变浮力式物位原理

$$H = \frac{C\Delta x}{S\rho} \qquad (9-13)$$

9.2.5　核辐射物位传感器

核辐射传感器是根据被测物质对射线的吸收、反散射或射线对被测物质的电离激发作用而进行工作，核辐射传感器是核辐射式检测仪表的重要组成部分，是利用放射性同位素来进行测量的。核辐射传感器一般由放射源、探测器以及电信号转换电路所组成，可以检测厚度、液位、物位等参数。

1. 放射源

射线的种类及衰变规律：

（1）α粒子。一般具有 4～10MeV 能量，其电离能力较强，主要用于气体分析，用来测量气体压力、流量等参数。

（2）β粒子。实际上是高速运动的电子，在气体中的射程可达 20m，主要测量材料的厚度、密度或重量；根据辐射的反散射来测量覆盖层的厚度，利用β粒子很大的电离能力来测量气体流。

（3）γ射线。是一种从原子核内发射出来的电磁辐射，在物质中的穿透能力比较强，在气体中的射程为数百米，能穿过几十厘米厚的固体物质。主要用于金属探伤、厚度检测以及

物体密度检测等。

2. 射线与物质的相互作用

（1）带电粒子和物质的相互作用

$$I = I_0 e^{-\rho h} \qquad\qquad (9-14)$$

（2）γ射线和物质的相互作用

$$I = I_0 e^{-\mu_\rho \lambda} \qquad\qquad (9-15)$$

3. 常用探测器

探测器就是核辐射的接收器，是核辐射传感器的重要组成部分。其用途就是将核辐射信号转换成电信号，从而探测出射线的强弱和变化，主要有电离室、闪烁计数器和盖格计数等。

4. 测量电路

常用的测量电路有电离室前置放大电路和闪烁计数器的前置放大电路，电离室前置放大电路如图9-13所示。

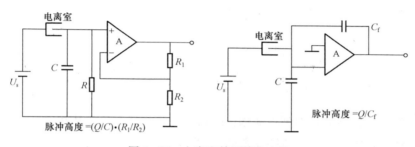

图9-13　电离室前置放大电路

5. 核辐射液位计

核辐射液位计由放射源、接收器和显示仪表三部分组成，原理框图如图9-14所示，放射源和接收器放置在被测容器旁，由放射源放射出的射线强度为I_0，穿过设备和被测介质，由探测器接收，并把探测出的射线强度I转换成电信号，经过测量电路送入显示仪表进行显示。

9.2.6　微波物位传感器

1. 微波的概念

微波是指频率为$0.3 \sim 300\text{GHz}$的电磁波，是无线电波中一个有限频带的简称，即

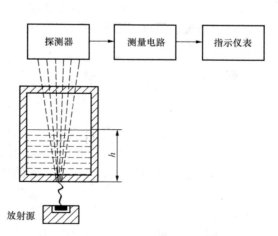

图9-14　核辐射式液位计工作原理框图

波长在$0.1\text{mm} \sim 1\text{m}$之间的电磁波，是分米波、厘米波、毫米波和亚毫米波的统称。微波频率比一般的无线电波频率高，通常也称为"超高频电磁波"。微波作为一种电磁波也具有波粒二象性。微波的基本性质通常呈现为穿透、反射、吸收三个特性。对于玻璃、塑料和瓷

器，微波几乎是穿越而不被吸收。对于水和食物等就会吸收微波而使自身发热。而对金属类东西，则会反射微波。

2. 微波传感器组成

微波振荡器和微波天线是微波传感器的重要组成部分。微波振荡器是产生微波的装置。由于微波波长很短，频率很高，要求振荡回路非常小的电感和电容，因此，不能用普通晶体管构成微波振荡器。构成微波振荡器的器件有速调管、磁控管或某些固体元件。小型微波振荡器也可以采用体效应管。

由微波振荡器产生的振荡信号需要用波导管（波长在 10cm 以上可用同轴线）传输，并通过天线发射出去，为了使发射的微波信号具有一致的方向性，天线应具有特殊的结构和形状。常用的天线有喇叭形天线，如图 9-15 所示。

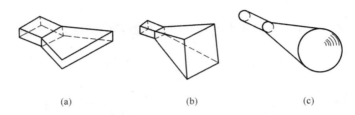

(a)   (b)   (c)

图 9-15　天线的结构和形状

(a) 扇形喇叭天线；(b) 角锥喇叭天线；(c) 圆锥喇叭天线

3. 微波传感器分类

由发射天线发出的微波，遇到被测物体时将被吸收或反射，使其功率发生变化。若利用接收天线接收透过被测物或由被测物反射回来的微波，并将它转换成电信号，再由测量电路处理，就实现了微波检测。根据这一原理，微波传感器可分为反射式和遮断式两种。

(1) 反射式传感器。该传感器通过检测被测物反射回来的微波功率或经过时间间隔来表达被测物的位置、厚度等参数。

(2) 遮断式传感器。该传感器通过检测接收天线接收到的微波功率的大小，来判断发射天线与接收天线间有无被测物或被测物的位置等。

4. 微波传感器的应用

(1) 微波液位计。图 9-16 所示为微波液位检测示意图，相距为 S 的发射天线和接收天线间构成一定的角度。波长为入的微波从被测液位反射后进入接收天线。接收天线接收到功率将随被测液面的高低不同而异。

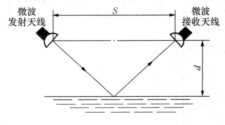

图 9-16　微波液位计示意图

接收天线接收的功率 P_r，可表示为

$$P_r = \left(\frac{\lambda}{4\pi}\right)^2 \frac{P_i G_i G_r}{S^2 + 4d^2} \tag{9-16}$$

式中　d——两天线与被测液面间的垂直距离；

P_i、G_i——发射天线发射的功率和增益；

G_r——接收天线的增益。

当发射功率、波长、增益均恒定时，只要测得接收功率 P_r，就可获得被测液面的高度 d。

（2）微波物位计。图 9-17 所示为微波开关式物位计示意图。当被测物位较低时，发射天线发出的微波束全部由接收天线接收，经放大器、比较器后发出正常工作信号。当被测物位升高到天线所在的高度时，微波束部分被吸收，部分被反射，接收天线接收到的功率相应减弱，经放大器、比较器就可给出被测物位高出设定物位的信号。

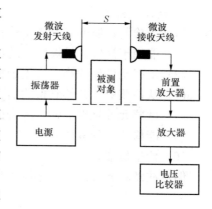

图 9-17　微波开关式物位计示意图

当被测物低于设定物位时，接收天线接收到的功率 P_0 为

$$P_0 = \left(\frac{\lambda}{4\pi S}\right)^2 P_i G_i G_r \tag{9-17}$$

被测物位升高到天线所在高度时，接收天线接收的功率 P_r 为

$$P_r = \eta P_0 \tag{9-18}$$

式中　η——由被测物形状、材料性质、电磁性能及高度所决定的系数。

9.2.7　光纤液面传感器

1. 光纤液面传感器构成和工作原理

光纤液面传感器有三部分构成：

（1）接触液体后光的反射量即发生变化的敏感元件。

（2）传输光信号的双芯光纤。

（3）发光、受光和信号处理的接收装置。这种传感器的敏感元件和传输信号的光纤均由玻璃纤维构成，故有绝缘性能好和抗电磁感应噪声等优点。

光纤液面传感器工作原理如图 9-18 所示，发光器件射出来的光通过传输光纤送到敏感元件，在敏感元件的球面上，有一部分光透过，而残余的光被反射回来。当敏感元件与液面相接触时，与空气接触相比，球面部的光透射量增大，而反射量减少。因此，由反射光量即可知道敏感元件是否接触液体。反射光量决定于敏感元件玻璃的折射率，被测定物质的折射率越大，反射光量越小。来自敏感元件的反射光，通过传输光纤由受光器件的光电晶体管进行光电转换后输出。敏感元件的反射光量的变化，若以空气的光量为基准，则在水中为 $-7 \sim -6\text{dB}$，在油中为 $-30 \sim -25\text{dB}$。反射光量差别很大的水和油等，进行物质判别较容易。

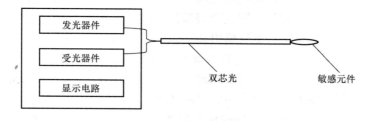

图 9-18　光纤液面传感器的工作原理

2. 光纤液面传感器的特点

用微光检测物质的光纤液位传感器有如下特点：

（1）能用于易燃、易爆物等的设施中。

（2）敏感元件尺寸小，可用于检测微量液体。

（3）从检测液体开始到检测信号输出为止的响应时间短。

（4）敏感元件是玻璃的，故有抗化学腐蚀性。

（5）能检测两种液体界面。

（6）价格低廉。

但应注意：光纤液位传感器不宜用于检测黏附在敏感元件玻璃表面的物质。

9.3　物位检测项目实践操作

9.3.1　工作计划

本项目在实施过程中，以小组为单位，进行电路板装配和实验，并记录实验结果。具体工作计划如表 9-1 所示。

表 9-1　　　　　　　　　　　　物位检测工作计划表

序号	内容	负责人	时间	工作要求	完成情况
1	研讨任务	全体组员		分析项目的具体要求	
2	制订计划	小组长		学生根据项目要求，制定分工计划和工作任务实施步骤，确定完整的工作计划	
3	讨论项目的原理	全体组员		理解液位控制的工作原理及接线、测量方法	
4	实际操作	全体组员		根据要求进行连线并记录数据	
5	效果检查	小组长		检查数据的正确性，分析结果	
6	评估	老师		学生自查、互查，教师考核，记录成绩并对学生工作结果做出评价	

9.3.2　方案分析

1. 导电式水位传感器

导电式水位传感器如图 9-19 所示。电极可根据检测水位的要求进行升降调节。它实际是一个导电性的检测电路，当水位低于检知电极时，两电极间呈绝缘状态，检测电路没有电流流过，传感器输出电压为零。假设水位上升到与检知电极端都接触时，由于水有一定的导电性，因此测量电路中有电流输出。

2. 太阳能热水器水位报警器

太阳能热水器水位报警器可实现水箱中缺水或加水过多时自动发出声光报警声。电路如图 9-20 所示。采用导电式水位传感器 1、2、3 三个金属探极探知水位，发光二极管 VD5 为电源指示灯，报警声由音乐集成电路 IC9300 产生。

当水位在电极 1、2 之间正常情况下，电极 1 悬空，VT1 截止，高水位指示灯 VD8 为熄灭状态。由于电极 2、3 处于水中，由于水

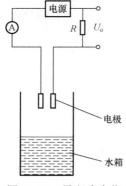

图 9-19　导电式水位
传感器原理图

电阻的原因，使 VT3 导通，VT2 截止，低水位指示灯 VD9 也处于熄灭状态。整个报警器系统处于非报警状态。

　　当水箱中的水位下降低于电极 2 时，VT3 截止，VT2 导通，低水位指示灯 VD9 点亮。由 C3 及 R4 组成的微分电路在 VT2 由截止到导通的跳变过程中产生的正向脉冲，将触发音乐集成 IC 工作，扬声器发出 30s 的报警声。告知使用者水箱将要缺水了。

　　同理，当水箱中的水超出电极 1 时，VT1 导通，高水位指示灯 VD8 点亮，同时 C2 和 R4 微分电路产生的正向脉冲触发音乐集成电路 IC 工作，使扬声器发出报警声，告知主人水箱中的水快溢出来了。

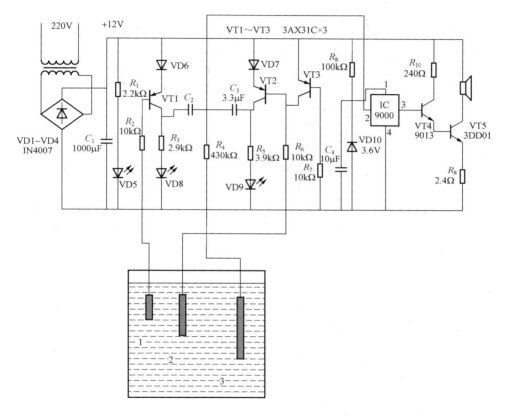

图 9-20　太阳能热水器水位报警器电路

9.3.3　操作分析

本项目操作过程如下：

（1）分析和理解图所示水位报警电路，或自己设计报警电路。

（2）准备电路板、晶体管、电极、报警器等元器件，认识元器件。

（3）装配水位报警器电路。

（4）安装三个电极于水箱的不同水位高度，接通水位报警器电路。

（5）给水盆慢慢加水，对正常水位、缺水水位、超高水位对电路的报警效果进行电路调整。

（6）进行正常水位、缺水水位、超高水位时电路报警实验，并对报警实验进行记录。

9.4　物位检测项目的评价

9.4.1　检测方法

（1）在缺水水位时，检查低水位指示灯是否亮，报警器是否响。

（2）在超高水位时，检查高水位指示灯是否亮，报警器是否响。

（3）在缺水位和超高水位之间，检查报警器是否响。

9.4.2　评估策略

评估表见表 9 - 2。

表 9 - 2　　　　　　　　　　　　评　估　表

班级		组号		姓名		学号		成绩	
评估项目		扣分标准						小计	
1. 信息收集能力（10分）		能根据任务要求收集物位传感器的相关资料不扣分							
		不主动收集资料扣 4 分							
		不收集资料的不得分							
2. 项目的原理（15分）		叙述电容传感器测液位的工作原理准确的不扣分							
		叙述条理不清楚、不准确的每错一处扣 2 分							
3. 具体操作（20分）		接线正确、数据记录完整的不扣分							
		接线正确、数据记录不完整的扣 5 分							
		接线不正确扣 10 分							
4. 数据处理（10分）		数据记录正确、分析正确的不扣分							
		数据记录正确、分析不完整的扣 4 分							
		数据记录不正确的扣 7 分							
5. 汇报表达能力（10分）		表达完整，条理清楚不扣分							
		表达不够完整，条理清楚扣 4 分							
		表达不完整，条理不清楚扣 8 分							
6. 考勤（10分）		出全勤、不迟到、不早退不扣分							
		不能按时上课每迟到或早退一次扣 3 分							
7. 学习态度（5分）		学习认真，及时预习复习不扣分							
		学习不认真不能按要求完成任务扣 3 分							
8. 安全意识（6分）		安全、规范操作							
9. 团结协作意识（4分）		能团结同学互相交流、分工协作完成任务							
10. 实训报告（10分）		按时、完整、正确的完成实训报告不扣分							
		按时完成实训报告，不完整、正确的扣 3 分							
		不能按时完成实训报告，不完整、有错误扣 6 分							

巩 固 与 练 习

1. 连续测量的超声波物位计的工作原理是什么？

2. 超声波物位测量仪表的基本原理是什么？它有何主要特点？

3. 核辐射物位测量仪表的基本原理是什么？它有何主要特点？

4. 电容式物位传感器测量导电和非导电液体液位时，为什么前者因虚假液位而造成的影响大，而后者却可忽略？

5. 在容器中，若有两种密度分别为 ρ_1 和 ρ_2 的液体，其界面的变化可否用差压式液位计进行连续测量？

6. 利用差压液位计测量液位，为何有时要进行正、负迁移？

7. 根据已学的压力、液位测量的基本原理，考虑一种利用差压原理连续测量液体密度的方案，参观串级水位控制系统实验室，让学生体会用实际安装方法，避免差压计零点迁移的方案。

8. 液位测量有哪些方法？它们各有何特点？

9. 差压式液位计的工作原理是什么？为什么会有零点迁移问题？怎样进行迁移？

10. 试述电容式、超声波式、吹气式液位计的工作原理。

11. 简述核辐射式液（物）位计的工作原理。

附录 A　Pt100 热电阻分度表

温度 （℃）	0	1	2	3	4	5	6	7	8	9
	电阻值（Ω）									
−40	84.27	83.87	83.48	83.08	82.69	82.29	81.89	81.50	81.10	80.70
−30	88.22	87.83	87.43	87.04	86.64	86.25	85.85	85.46	85.06	84.67
−20	92.16	91.77	91.37	90.98	90.59	90.19	89.80	89.40	89.01	88.62
−10	96.09	95.69	95.30	94.91	94.52	94.12	93.73	93.34	92.95	92.55
0	100.00	99.61	99.22	98.83	98.44	98.04	97.65	97.26	96.87	96.48
0	100.00	100.39	100.78	101.17	101.56	101.95	102.34	102.73	103.12	103.51
10	103.90	104.29	104.68	105.07	105.46	105.85	106.24	106.63	107.02	107.40
20	107.79	108.18	108.57	108.96	109.35	109.73	110.12	110.51	110.90	111.29
30	111.67	112.06	112.45	112.83	113.22	113.61	114.00	114.38	114.77	115.15
40	115.54	115.93	116.31	116.70	117.08	117.47	117.86	118.24	118.63	119.01
50	119.40	119.78	120.17	120.55	120.94	121.32	121.71	122.09	122.47	122.86
60	123.24	123.63	124.01	124.39	124.78	125.16	125.54	125.93	126.31	126.69
70	127.08	127.46	127.84	128.22	128.61	128.99	129.37	129.75	130.13	130.52
80	130.90	131.28	131.66	132.04	132.42	132.80	133.18	133.57	133.95	134.33
90	134.71	135.09	135.47	135.85	136.23	136.61	136.99	137.37	137.75	138.13
100	138.51	138.88	139.26	139.64	140.02	140.40	140.78	141.16	141.54	141.91
110	142.29	142.67	143.05	143.43	143.80	144.18	144.56	144.94	145.31	145.69
120	146.07	146.44	146.82	147.20	147.57	147.95	148.33	148.70	149.08	149.46
130	149.83	150.21	150.58	150.96	151.33	151.71	152.08	152.46	152.83	153.21
140	153.58	153.96	154.33	154.71	155.08	155.46	155.83	156.20	156.58	156.95
150	157.33	157.70	158.07	158.45	158.82	159.19	159.56	159.94	160.31	160.68
160	161.05	161.43	161.80	162.17	162.54	162.91	163.29	163.66	164.03	164.40
170	164.77	165.14	165.51	165.89	166.26	166.63	167.00	167.37	167.74	168.11
180	168.48	168.85	169.22	169.59	169.96	170.33	170.70	171.07	171.43	171.80
190	172.17	172.54	172.91	173.28	173.65	174.02	174.38	174.75	175.12	175.49
200	175.86	176.22	176.59	176.96	177.33	177.69	178.06	178.43	178.79	179.16
210	179.53	179.89	180.26	180.63	180.99	181.36	181.72	182.09	182.46	182.82
220	183.19	183.55	183.92	184.28	184.65	185.01	185.38	185.74	186.11	186.47
230	186.84	187.20	187.56	187.93	188.29	188.66	189.02	189.38	189.75	190.11
240	190.47	190.84	191.20	191.56	191.92	192.29	192.65	193.01	193.37	193.74

附录 B　Cu50 分度表

T (℃)	0	—1	—2	—3	—4	—5	—6	—7	—8	—9
0	50	49.786	49.571	49.356	49.142	48.927	48.713	48.498	48.284	48.069
—10	47.854	47.639	47.425	47.21	46.995	46.78	46.566	46.351	46.136	45.921
—20	45.706	45.491	45.276	45.061	44.846	44.631	44.416	44.2	43.985	43.77
—30	43.555	43.349	43.124	42.909	42.693	42.478	42.262	42.047	41.831	41.616
—40	41.4	41.184	40.969	40.753	40.537	40.322	40.106	39.89	39.674	39.458
—50	39.242									
0	50	50.214	50.429	50.643	50.858	51.072	51.286	51.501	51.715	51.929
10	52.144	52.358	52.572	52.786	53	53.215	53.429	53.643	53.857	54.071
20	54.285	54.5	54.714	54.928	55.142	55.356	55.57	55.784	55.998	56.212
30	56.426	56.64	56.854	57.068	57.282	57.496	57.71	57.924	58.137	58.351
40	58.565	58.779	58.993	59.207	59.421	59.635	59.848	60.062	60.276	60.49
50	60.704	60.918	61.132	61.345	61.559	61.773	61.987	62.201	62.415	62.628
60	60.842	63.056	63.27	63.484	63.698	63.911	64.125	64.339	64.553	64.767
70	64.981	65.194	65.408	65.622	65.836	66.05	66.264	66.478	66.692	66.906
80	67.12	67.333	67.547	67.761	67.975	68.189	68.403	68.617	68.831	69.045
90	69.259	69.473	69.687	69.901	70.115	70.329	70.544	70.762	70.972	71.186
100	71.4	71.614	71.828	72.042	72.257	72.471	72.685	72.899	73.114	73.328
110	73.542	73.751	73.971	74.185	74.4	74.614	74.828	75.043	75.258	75.477
120	75.686	75.901	76.115	76.33	76.545	76.759	76.974	77.189	77.404	77.618
130	77.833	78.048	78.263	78.477	78.692	78.907	79.122	79.337	79.552	79.767
140	79.982	80.197	80.412	80.627	80.843	81.058	81.272	81.488	81.704	81.919
150	82.134									

附录 C K 型热电偶分度表

温度 (℃)	K 型镍铬—镍硅（镍铬—镍铝）热电动势（mV）参考端温度为 0℃									
	0	1	2	3	4	5	6	7	8	9
−50	−1.889	−1.925	−1.961	−1.996	−2.032	−2.067	−2.102	−2.137	−2.173	−2.208
−40	−1.527	−1.563	−1.600	−1.636	−1.673	−1.709	−1.745	−1.781	−1.817	−1.853
−30	−1.156	−1.193	−1.231	−1.268	−1.305	−1.342	−1.379	−1.416	−1.453	−1.490
−20	−0.777	−0.816	−0.854	−0.892	−0.930	−0.968	−1.005	−1.043	−1.081	−1.118
−10	−0.392	−0.431	−0.469	−0.508	−0.547	−0.585	−0.624	−0.662	−0.701	−0.739
−0	0	−0.039	−0.079	0.118	−0.157	−0.197	0.236	−0.275	−0.314	−0.353
0	0	0.039	0.079	0.119	0.158	0.198	0.238	0.277	0.317	0.357
10	0.397	0.437	0.477	0.517	0.557	0.597	0.637	0.677	0.718	0.758
20	0.798	0.838	0.879	0.919	0.960	1.000	1.041	1.081	1.122	1.162
30	1.203	1.244	1.285	1.325	1.366	1.407	1.448	1.489	1.529	1.570
40	1.611	1.652	1.693	1.734	1.776	1.817	1.858	1.899	1.940	1.981
50	2.022	2.064	2.105	2.146	2.188	2.229	2.270	2.312	2.353	2.394
60	2.436	2.477	2.519	2.560	2.601	2.643	2.684	2.726	2.767	2.809
70	2.850	2.892	2.933	2.875	3.016	3.058	3.100	3.141	3.183	3.224
80	3.266	3.307	3.349	3.390	3.432	3.473	3.515	3.556	3.598	3.639
90	3.681	3.722	3.764	3.805	3.847	3.888	3.930	3.971	4.012	4.054
100	4.095	4.137	4.178	4.219	4.261	4.302	4.343	4.384	4.426	4.467
110	4.508	4.549	4.590	4.632	4.673	4.714	4.755	4.796	4.837	4.878
120	4.919	4.960	5.001	5.042	5.083	5.124	5.164	5.205	5.246	5.287
130	5.327	5.368	5.409	5.450	5.490	5.531	5.571	5.612	5.652	5.693
140	5.733	5.774	5.814	5.855	5.895	5.936	5.976	6.016	6.057	6.097
150	6.137	6.177	6.218	6.258	6.298	6.338	6.378	6.419	6.459	6.499
160	6.539	6.579	6.619	6.659	6.699	6.739	6.779	6.819	6.859	6.899
170	6.939	6.979	7.019	7.059	7.099	7.139	7.179	7.219	7.259	7.299
180	7.338	7.378	7.418	7.458	7.498	7.538	7.578	7.618	7.658	7.697
190	7.737	7.777	7.817	7.857	7.897	7.937	7.977	8.017	8.057	8.097
200	8.137	8.177	8.216	8.256	8.296	8.336	8.376	8.416	8.456	8.497
210	8.537	8.577	8.617	8.657	8.697	8.737	8.777	8.817	8.857	8.898
220	8.938	8.978	9.018	9.058	9.099	9.139	9.179	9.220	9.260	9.300
230	9.341	9.381	9.421	9.462	9.502	9.543	9.583	9.624	9.664	9.705
240	9.745	9.786	9.826	9.867	9.907	9.948	9.989	10.029	10.07	10.111
250	10.151	10.192	10.233	10.274	10.315	10.355	10.396	10.437	10.478	10.519
260	10.560	10.600	10.641	10.882	10.723	10.764	10.805	10.848	10.887	10.928
270	10.969	11.010	11.051	11.093	11.134	11.175	11.216	11.257	11.298	11.339

温度 (℃)	K 型镍铬—镍硅（镍铬—镍铝）热电动势（mV）参考端温度为 0℃									
	0	1	2	3	4	5	6	7	8	9
280	11.381	11.422	11.463	11.504	11.545	11.587	11.628	11.669	11.711	11.752
290	11.793	11.835	11.876	11.918	11.959	12.000	12.042	12.083	12.125	12.166
300	12.207	12.249	12.290	12.332	12.373	12.415	12.456	12.498	12.539	12.581
310	12.623	12.664	12.706	12.747	12.789	12.831	12.872	12.914	12.955	12.997
320	13.039	13.080	13.122	13.164	13.205	13.247	13.289	13.331	13.372	13.414
330	13.456	13.497	13.539	13.581	13.623	13.665	13.706	13.748	13.790	13.832
340	13.874	13.915	13.957	13.999	14.041	14.083	14.125	14.167	14.208	14.250
350	14.292	14.334	14.376	14.418	14.460	14.502	14.544	14.586	14.628	14.670
360	14.712	14.754	14.796	14.838	14.880	14.922	14.964	15.006	15.048	15.090
370	15.132	15.174	15.216	15.258	15.300	15.342	15.394	15.426	15.468	15.510
380	15.552	15.594	15.636	15.679	15.721	15.763	15.805	15.847	15.889	15.931
390	15.974	16.016	16.058	16.100	16.142	16.184	16.227	16.269	16.311	16.353
400	16.395	16.438	16.480	16.522	16.564	16.607	16.649	16.691	16.733	16.776
410	16.818	16.860	16.902	16.945	16.987	17.029	17.072	17.114	17.156	17.199
420	17.241	17.283	17.326	17.368	17.410	17.453	17.495	17.537	17.580	17.622
430	17.664	17.707	17.749	17.792	17.834	17.876	17.919	17.961	18.004	18.046
440	18.088	18.131	18.173	18.216	18.258	18.301	18.343	18.385	18.428	18.470
450	18.513	18.555	18.598	18.640	18.683	18.725	18.768	18.810	18.853	18.896
460	18.938	18.980	19.023	19.065	19.108	19.150	19.193	19.235	19.278	19.320
470	19.363	19.405	19.448	19.490	19.533	19.576	19.618	19.661	19.703	19.746
480	19.788	19.831	19.873	19.916	19.959	20.001	20.044	20.086	20.129	20.172
490	20.214	20.257	20.299	20.342	20.385	20.427	20.470	20.512	20.555	20.598
500	20.640	20.683	20.725	20.768	20.811	20.853	20.896	20.938	20.981	21.024
510	21.066	21.109	21.152	21.194	21.237	21.280	21.322	21.365	21.407	21.450
520	21.493	21.535	21.578	21.621	21.663	21.706	21.749	21.791	21.834	21.876
530	21.919	21.962	22.004	22.047	22.090	22.132	22.175	22.218	22.260	22.303
540	22.346	22.388	22.431	22.473	22.516	22.559	22.601	22.644	22.687	22.729
550	22.772	22.815	22.857	22.900	22.942	22.985	23.028	23.070	23.113	23.156
560	23.198	23.241	23.284	23.326	23.369	23.411	23.454	23.497	23.539	23.582
570	23.624	23.667	23.710	23.752	23.795	23.837	23.88	23.923	23.965	24.008
580	24.050	24.093	24.136	24.178	24.221	24.263	24.306	24.348	24.391	24.434
590	24.476	24.519	24.561	24.604	24.646	24.689	24.731	24.774	24.817	24.859
600	24.902	24.944	24.987	25.029	25.072	25.114	25.157	25.199	25.242	25.284
610	25.327	25.369	25.412	25.454	25.497	25.539	25.582	25.624	25.666	25.709
620	25.751	25.794	25.836	25.879	25.921	25.964	26.006	26.048	26.091	26.133

温度 （℃）	K型镍铬—镍硅（镍铬—镍铝）热电动势（mV）参考端温度为0℃									
	0	1	2	3	4	5	6	7	8	9
630	26.176	26.218	26.260	26.303	26.345	26.387	26.430	26.472	26.515	26.557
640	26.599	26.642	26.684	26.726	26.769	26.811	26.853	26.896	26.938	26.980
650	27.022	27.065	27.107	27.149	27.192	27.234	27.276	27.318	27.361	27.403
660	27.445	27.487	27.529	27.572	27.614	27.656	27.698	27.740	27.783	27.825
670	27.867	27.909	27.951	27.993	28.035	28.078	28.120	28.162	28.204	28.246
680	28.288	28.330	28.372	28.414	28.456	28.498	28.540	28.583	28.625	28.667
690	28.709	28.751	28.793	28.835	28.877	28.919	28.961	29.002	29.044	29.086
700	29.128	29.170	29.212	29.264	29.296	29.338	29.380	29.422	29.464	29.505
710	29.547	29.589	29.631	29.673	29.715	29.756	29.798	29.840	29.882	29.924
720	29.965	30.007	30.049	30.091	30.132	30.174	30.216	20.257	30.299	30.341
730	30.383	30.424	30.466	30.508	30.549	30.591	30.632	30.674	30.716	30.757
740	30.799	30.840	30.882	30.924	30.965	31.007	31.048	31.090	31.131	31.173
750	31.214	31.256	31.297	31.339	31.380	31.422	31.463	31.504	31.546	31.587
760	31.629	31.670	31.712	31.753	31.794	31.836	31.877	31.918	31.960	32.001
770	32.042	32.084	32.125	32.166	32.207	32.249	32.290	32.331	32.372	32.414
780	32.455	32.496	32.537	32.578	32.619	32.661	32.702	32.743	32.784	32.825
790	32.866	32.907	32.948	32.990	33.031	33.072	33.113	33.154	33.195	33.236
800	33.277	33.318	33.359	33.400	33.441	33.482	33.523	33.564	33.606	33.645
810	33.686	33.727	33.768	33.809	33.850	33.891	33.931	33.972	34.013	34.054
820	34.095	34.136	34.176	34.217	34.258	34.299	34.339	34.380	34.421	34.461
830	34.502	34.543	34.583	34.624	34.665	34.705	34.746	34.787	34.827	34.868
840	34.909	34.949	34.990	35.030	35.071	35.111	35.152	35.192	35.233	35.273
850	35.314	35.354	35.395	35.435	35.476	35.516	35.557	35.597	35.637	35.678
860	35.718	35.758	35.799	35.839	35.880	35.920	35.960	36.000	36.041	36.081
870	36.121	36.162	36.202	36.242	36.282	36.323	36.363	36.403	36.443	36.483
880	36.524	36.564	36.604	36.644	36.684	36.724	36.764	36.804	36.844	36.885
890	36.925	36.965	37.005	37.045	37.085	37.125	37.165	37.205	37.245	37.285
900	37.325	37.365	37.405	37.443	37.484	37.524	37.564	37.604	37.644	37.684
910	37.724	37.764	37.833	37.843	37.883	37.923	37.963	38.002	38.042	38.082
920	38.122	38.162	38.201	38.241	38.281	38.320	38.360	38.400	38.439	38.479
930	38.519	38.558	38.598	38.638	38.677	38.717	38.756	38.796	38.836	38.875
940	38.915	38.954	38.994	39.033	39.073	39.112	39.152	39.191	39.231	39.270
950	39.310	39.349	39.388	39.428	39.467	39.507	39.546	39.585	39.625	39.664
960	39.703	39.743	39.782	39.821	39.861	39.900	39.939	39.979	40.018	40.057
970	40.096	40.136	40.175	40.214	40.253	40.292	40.332	40.371	40.410	40.449

温度 (℃)	K 型镍铬—镍硅（镍铬—镍铝）热电动势（mV）参考端温度为 0℃									
	0	1	2	3	4	5	6	7	8	9
980	40.488	40.527	40.566	40.605	40.645	40.634	40.723	40.762	40.801	40.840
990	40.879	40.918	40.957	40.996	41.035	41.074	41.113	41.152	41.191	41.230
1000	41.269	41.308	41.347	41.385	41.424	41.463	41.502	41.541	41.580	41.619
1010	41.657	41.696	41.735	41.774	41.813	41.851	41.890	41.929	41.968	42.006
1020	42.045	42.084	42.123	42.161	42.200	42.239	42.277	42.316	42.355	42.393
1030	42.432	42.470	42.509	42.548	42.586	42.625	42.663	42.702	42.740	42.779
1040	42.817	42.856	42.894	42.933	42.971	43.010	43.048	43.087	43.125	43.164
1050	43.202	43.240	43.279	43.317	43.356	43.394	43.432	43.471	43.509	43.547
1060	43.585	43.624	43.662	43.700	43.739	43.777	43.815	43.853	43.891	43.930
1070	43.968	44.006	44.044	44.082	44.121	44.159	44.197	44.235	44.273	44.311
1080	44.349	44.387	44.425	44.463	44.501	44.539	44.577	44.615	44.653	44.691
1090	44.729	44.767	44.805	44.843	44.881	44.919	44.957	44.995	45.033	45.070
1100	45.108	45.146	45.184	45.222	45.260	45.297	45.335	45.373	45.411	45.448
1110	45.486	45.524	45.561	45.599	45.637	45.675	45.712	45.750	45.787	45.825
1120	45.863	45.900	45.938	45.975	46.013	46.051	46.088	46.126	46.163	46.201
1130	46.238	46.275	46.313	46.350	46.388	46.425	46.463	46.500	46.537	46.575
1140	46.612	46.649	46.687	46.724	46.761	46.799	46.836	46.873	46.910	46.948
1150	46.985	47.022	47.059	47.096	47.134	47.171	47.208	47.245	47.282	47.319
1160	47.356	47.393	47.430	47.468	47.505	47.542	47.579	47.616	47.653	47.689
1170	47.726	47.763	47.800	47.837	47.874	47.911	47.948	47.985	48.021	48.058
1180	48.095	48.132	48.169	48.205	48.242	48.279	48.316	48.352	48.389	48.426
1190	48.462	48.499	48.536	48.572	48.609	48.645	48.682	48.718	48.755	48.792
1200	48.828	48.865	48.901	48.937	48.974	49.010	49.047	49.083	49.120	49.156
1210	49.192	49.229	49.265	49.301	49.338	49.374	49.410	49.446	49.483	49.519
1220	49.555	49.591	49.627	49.663	49.700	49.736	49.772	49.808	49.844	49.880
1230	49.916	49.952	49.988	50.024	50.060	50.096	50.132	50.168	50.204	50.240
1240	50.276	50.311	50.347	50.383	50.419	50.455	50.491	50.526	50.562	50.598
1250	50.633	50.669	50.705	50.741	50.776	50.812	50.847	50.883	50.919	50.954
1260	50.990	51.025	51.061	51.096	51.132	51.167	51.203	51.238	51.274	51.309
1270	51.344	51.380	51.415	51.450	51.486	51.521	51.556	51.592	51.627	51.662
1280	51.697	51.733	51.768	51.803	51.836	51.873	51.908	51.943	51.979	52.014
1290	52.049	52.084	52.119	52.154	52.189	52.224	52.259	52.284	52.329	52.364
1300	52.398	52.433	52.468	52.503	52.538	52.573	52.608	52.642	52.677	52.712
1310	52.747	52.781	52.816	52.851	52.886	52.920	52.955	52.980	53.024	53.059

温度 (℃)	K 型镍铬—镍硅（镍铬—镍铝）热电动势（mV）参考端温度为 0℃									
	0	1	2	3	4	5	6	7	8	9
1320	53.093	53.128	53.162	53.197	53.232	53.266	53.301	53.335	53.370	53.404
1330	53.439	53.473	53.507	53.642	53.576	53.611	53.645	53.679	53.714	53.748
1340	53.782	53.817	53.851	53.885	53.926	53.954	53.988	54.022	54.057	54.091
1350	54.125	54.159	54.193	54.228	54.262	54.296	54.330	54.364	54.398	54.432
1360	54.466	54.501	54.535	54.569	54.603	54.637	54.671	54.705	54.739	54.773
1370	54.807	54.841	54.875							

参 考 文 献

[1] 杨清梅，孙建民. 传感器与测试技术 [M]. 哈尔滨：哈尔滨工程大学出版社，2005.

[2] 王俊峰，孟令启. 现代传感器应用技术 [M]. 北京：机械工业出版社，2007.

[3] 范晶彦. 传感器与检测技术应用 [M]. 北京：机械工业出版社，2005.

[4] 金发庆. 传感器技术与应用 [M]. 北京：机械工业出版社，2006.

[5] 沈聿农. 传感器及应用技术 [M]. 北京：化学工业出版社，2001.

[6] 宋文绪，杨帆. 自动检测技术 [M]. 北京：高等教育出版社，2000.

[7] 张宏润. 传感器技术大全 [M]. 北京：北京航空航天大学出版社.

[8] 柳桂国. 检测技术及应用 [M]. 北京：电子工业出版社，2003.